林徽因 著

张皓熙 绘

手绘插图版

林徽因讲古建

江苏凤凰科学技术出版社·南京

图书在版编目（CIP）数据

林徽因讲古建：手绘插图版 / 林徽因著；张皓熙
绘. -- 南京：江苏凤凰科学技术出版社，2023.1（2024.9重印）
ISBN 978-7-5713-3287-7

Ⅰ．①林… Ⅱ．①林… ②张… Ⅲ．①古建筑－中国
－文集 Ⅳ．①TU-092.2

中国版本图书馆CIP数据核字(2022)第200879号

林徽因讲古建　手绘插图版

著　　者	林徽因	
绘　　者	张皓熙	
项目策划	凤凰空间/庞　冬	
责任编辑	刘屹立 赵　研	
特约编辑	庞　冬 马思齐	
出版发行	江苏凤凰科学技术出版社	
出版社地址	南京市湖南路1号A楼，邮编：210009	
出版社网址	http://www.pspress.cn	
总 经 销	天津凤凰空间文化传媒有限公司	
总经销网址	http://www.ifengspace.cn	
印　　刷	河北京平诚乾印刷有限公司	
开　　本	710 mm×1 000 mm 1／16	
印　　张	13	
字　　数	208 000	
版　　次	2023年1月第1版	
印　　次	2024年9月第3次印刷	
标 准 书 号	ISBN 978-7-5713-3287-7	
定　　价	49.80元	

图书如有印装质量问题，可随时向销售部调换（电话：022-87893668）。

建筑本来是有民族特性的，它是民族文化中最重要的表现之一；新时代的建筑必须建筑在民族优良传统的基础上，这已是今天中国大多数建筑师们所承认的原则。

梁思成、林徽因

1925 年，林徽因在美国宾夕法尼亚大学
学生证上所用的照片

1934 年夏，林徽因在山西汾阳县小相村
灵岩寺考察

目录

第一章

中国古代建筑的特征与传统

论中国建筑之几个特征

中国建筑为东方最显著的独立系统，渊源深远，而演进程序简纯，历代继承，线索不紊，而基本结构上又绝未因受外来影响致激起复杂变化者。不止在东方三大系建筑之中，较其他两系——印度及阿拉伯（伊斯兰教建筑）——享寿特长，通行地面特广，而艺术又独臻于最高成熟点。即在世界东西各建筑派系中，相较起来，也是个极特殊的直贯系统。大凡一例建筑，经过悠长的历史，多掺杂外来影响，而在结构、布置乃至外观上，常发生根本变化，或循地理推广迁移，因致渐改旧制，顿易材料外观，待达到全盛时期，则多已脱离原始胎形，另具格式。独有中国建筑经历极长久之时间，流布甚广大的地面，而在其最盛期中或在其后代繁衍期中，诸重要建筑物均始终不脱其原始面目，保存其固有主要结构部分及布置规模，虽则同时在艺术工程方面，又皆无可置疑地进化至极高程度。更可异的是：产生这建筑的民族的历史却并不简单，且并不缺乏种种宗教上、思想上、政治组织上的迭出变化；更曾经多次与强盛的外族或在思想上和平地接触（如印度佛教之传入），或在实际利害关系上发生冲突战斗。

这结构简单、布置平整的中国建筑初形，会如此泰然，享受几千年繁衍的直系子嗣，自成一个最特殊、最体面的建筑大族，实是一桩极值得研究的现象。

虽然因为后代的中国建筑，即达到结构和艺术上极复杂精美的程度，外表上却仍呈现出一种单纯简朴的气象，一般人常误会中国建筑根本简陋无甚发展，较诸别系建筑低劣幼稚。

这种错误观念最初自然是起于西人对东方文化的粗忽观察，常做浮躁轻率的结论，以致影响到中国人自己对本国艺术发生极过当的怀疑乃至于鄙薄。好在近来欧美迭出深刻的学者对于东方文化慎重研究、细心体会之后，见解已迥异于从前，积渐彻底会悟中国美术之地位及其价值。但研究中国艺术，尤其是对于建筑，比较是一种新近的趋势。外人论著关于中国建筑的，尚极少好的贡献，许多地方尚待我们建筑家今后急起直追，搜寻材料考据，做有价值的研究探讨，更正外人的许多隔膜和谬解处。

在原则上，一种好建筑必含有以下三要点：实用、坚固、美观。实用者：切合于当时当地人民生活习惯，适合于当地地理环境。坚固者：不违背其主要材料之合理的结构原则，在寻常环境之下，含有相当永久性的。美观者：具有合理的权衡（不是上重下轻巍然欲倾、上大下小势不能支，或孤耸高峙或细长凸出等违背自然律的状态），要呈现稳重、舒适、自然的外表，更要诚实地呈露全部及部分的功用，不事掩饰，不矫揉造作、勉强堆砌。**美观，也可以说，即是综合实用、坚稳两点之自然结果。**

中国建筑，不容疑义地，曾经包含以上三种要素。所谓曾经者是因为在实用和坚固方面，因时代之变迁已有疑问。近代中国与欧西文化接触日深，生活习惯已完全与旧时不同，旧有建筑当然有许多跟着不适用了。在坚稳方面，因科学发达结果，关于非永久的木料，已有更满意的代替，对于构造亦有更经济精审的方法。以往建筑因人类生活状态时刻推移，致实用方面发生问题以后，仍然保留着它的纯粹美术的价值，是个不可否认的事实。和埃及的金字塔、希腊的帕特农神庙（Parthenon）一样，北京的坛、庙、宫、殿，是会永远继续着享受荣誉的，虽然它们本来实际的功用已经完全失掉。纯粹美术价值虽然可以脱离实用方面而存在，它却绝对不能脱离坚稳合理的结构原则而独立。因为美的权衡比例、美观上的多少特征，全是人的理智技巧在物理的限制之下，合理地解决了结构上所发生的种种问题的自然结果。

人工创造和天然趋势调和至某程度，便是美术的基本，设施雕饰于必需的结构部分是锦上添花；勉强结构纯为装饰部分是画蛇添足，足为美术之玷。

中国建筑的美观方面，现时可以说，已被一般人无条件地承认了。但是这建筑的优点绝不是在那浅现的色彩和雕饰，或特殊之式样上面，却是深藏在那基本的、产生这美观的结构原则里，以及中国人的绝对了解控制雕饰的原理上。我们如果要赞扬我们本国光荣的建筑艺术，则应该就它的结构原则和基本技艺设施方面稍事探讨；不宜只是一味地不负责任，用极抽象或肤浅的诗意美谀，披挂在任何外表形式上，学那英国绅士罗斯金（Ruskin）对哥特式（Gothic）建筑起劲地唱些高调。

　　建筑艺术是个在极酷刻的物理限制之下，老实的创作。人类由使两根直柱架一根横楣，而能稳立在地平上起，至建成重楼层塔一类作品，其间辛苦艰难的展进，一部分是工程科学的进境，一部分是美术思想的活动和增富。这两方面是在建筑进步的一个总题之下同行并进的。虽然美术思想这边，常常背叛它们的共同目标——创造好建筑——脱逾常轨，尽它弄巧的能事，引诱工程方面牺牲结构上的诚实原则，来将就外表取巧的地方。在这种情形之下，建筑本身常被连累，损伤了"真"的价值。在中国各代建筑之中，也有许多这样的例证，所以在中国一系列建筑之中的精品，也是极罕有难得的。

　　大凡一派美术都分有创造、试验、成熟、抄袭、繁衍、堕落诸期，建筑也是一样。初期作品创造力特强，含有试验性。至试验成功，成绩满意，达尽善尽美程度，则进到完全成熟期。成熟之后，必有相当时期因承相袭，不敢也不能逾越已有的则例；这期间常常是发生订定则例章程的时候。再来便是在琐节上增繁加富，以避免单调，冀求变换，这便是美术活动越出目标时。这时期始而繁衍，继则堕落，失掉原始骨干精神，变成无意义的形式。堕落之后，继起的新样便是第二潮流的革命元勋。第二潮流有鉴于已往作品的优劣，再研究探讨第一代的精华所在，便是考据学问之所以产生。

　　中国建筑的经过，用我们现有的、极有限的材料做参考，已经可以略略看出各时期的起落兴衰。我们现在也已走到应做考察研究的时代了。在这有限的各朝代建筑遗物里，很可以观察、探讨其结构和式样的特征，来标证那时代建筑的精神和技艺，是兴废还是优劣。但此节非等将中国建筑基本原则分析以后，是不能有所讨论的。

在分析结构之前，先要明了的是主要建筑材料，因为材料要根本影响其结构法的。**中国的主要建筑材料为木，次加砖石瓦之混用。外表上一座中国式建筑物，可明显地分作三大部：台基部分、柱梁部分和屋顶部分。**台基是砖石混用。由柱脚至梁上结构部分，直接承托屋顶者则全是木造。屋顶除少数用茅茨、竹片、泥砖之外，自然全是用瓦。而这三部分——台基、柱梁、屋顶——可以说是我们的建筑最初胎形的基本要素。

《易经》里"上古穴居而野处，后世圣人易之以宫室，上栋下宇，以待风雨"。还有《史记》里"尧之有天下也，堂高三尺……"可见这"栋""宇"及"堂"（基）在最古建筑里便占定了它们的部位势力。自然最后经过繁重发达的是"栋"——那木造的全部，所以我们也要特别注意。

木造结构，我们所用的原则是"架构制"（Framing System）。在四根垂直柱的上端，用两横梁、两横枋周围牵制成一"间架"（梁与枋根本为同样材料，梁较枋可略壮大。在"间"之左右称柁或梁，在"间"之前后称枋）。再在两梁之上筑起层叠的梁架以支横桁，桁通一"间"之左右两端，从梁架顶上"脊瓜柱"上次第降下至前枋上为止。桁上钉椽，并排栉比，以承瓦板，这是"架构制"骨干的最简单的说法。总之，"架构制"之最负责要素是：（一）那几根支重的垂直立柱；（二）使这些立柱互相发生联络关系的梁与枋；（三）横梁以上的构造：梁架、横桁、木椽，及其他附属木造，完全用以支承屋顶的部分。

"间"在平面上是一个建筑的最低单位。普通建筑全是多间的且为

扶脊木
脊桁
脊垫板
脊瓜柱
瓜柱
桁
椽
飞檐椽
挑檐桁
柱
檐枋或额枋
◇ 架构制

单数。有"中间"或"明间""次间""梢间""套间"等称。

　　中国"架构制"与别种制度（如哥特式之"砌拱制"，或西欧最普通之古典派"垒石"建筑）之最大分别：（一）在支重部分之完全倚赖立柱，使墙的部分不负结构上重责，只同门窗隔屏等尽相似的义务——间隔房间，分划内外而已；（二）立柱始终保守木质，不似古希腊之迅速代之以垒石柱，且增加负重墙（Bearing Wall），致脱离"架构"而成"垒石"制。

　　这架构制的特征影响至其外表式样的，有以下最明显的几点：（一）高度无形地受限制，绝不出木材可能的范围；（二）即极庄严的建筑，也是呈现绝对玲珑的外表，结构上绝不需要坚厚的负重墙，除非故意为表现雄伟的时候酌量增用外（如城楼等建筑），任何大建均不需墙壁堵塞部分；（三）门窗部分可以不受限制，柱与柱之间可以完全安装透光线的细木作——门屏窗牖之类。实际方面，即在玻璃未发明以前，室内已有极充分光线。北方因气候关系，墙多于窗，南方则反是，可伸缩自如。

这不过是这结构的基本方面、自然的特征。还有许多完全是经过特别的美术活动，而成功的超等特色，使中国建筑占极高的美术位置的，而同时也是中国建筑之精神所在。**这些特色最主要的便是屋顶、台基、斗栱、色彩和均称的平面布置。**

屋顶本是建筑上最实际必需的部分，中国则自古不殚烦难地使之尽善尽美，使切合于实际需求之外，又特具一种美术风格。屋顶最初即不止为屋之顶，因雨水和日光的切要实题，早就扩张出檐的部分。使檐凸出并非难事，但是檐深则低，低则阻碍光线，且雨水顺势急流，檐下溅水问题因之发生。为解决这个问题，我们发明飞檐，用双层瓦椽，使檐沿稍翻上去，微成曲线。又因美观关系，使屋角之檐加甚其仰翻曲度。这种前边成曲线、四角翘起的"飞檐"，在结构上有极自然又合理的布置，几乎可以说它便是结构法所促成的。

如何是结构法所促成的呢？简单说：例如"庑殿"式的屋瓦，共有四坡五脊。正脊寻常称房脊，它的骨架是脊桁。那四根斜脊，称垂脊，它们的骨架是从脊桁斜角，下伸至檐桁上的部分，称由戗及角梁。桁上所钉并排的椽子虽像全是平行的，但因偏左右的几根又要同这"角梁平行"，所以椽的部位，乃由真平行而渐斜，像裙裾的开展。

角梁是方的，椽为圆径（有双层时上层便是方的，角梁双层时则仍全是方的）。角梁的木材大小几乎倍于椽子，到椽与角梁并排时，两个的高下不同，以致不能在它们上面铺钉平板，故此必须将椽依次地抬高，令其上皮同角梁上皮平。在抬高的几根椽子底下填补一片三角形的木板，称"枕头木"。

飞檐椽

檐椽

仔角梁

老角梁

枕头木

挑檐桁头

挑檐桁

◇ 枕头木

挑檐桁头

　　这个曲线在结构上几乎不可信的简单和自然，而同时在美观方面不知增加多少神韵。飞檐的美，绝用不着考据家来指点的。不过注意那过当和极端的倾向常将本来自然合理的结构变成取巧和复杂。这过当的倾向，外表上自然也呈出脆弱、虚张的弱点，不为审美者所取，但一般人常以为愈巧愈繁必是愈美，无形中多鼓励这种倾向。南方手艺灵活的地方，过甚的飞檐便是这种证例。外观上虽是浪漫的姿态，容易引诱赞美，但到底不及北方的庄重恰当，合于审美的最真纯条件。

　　屋顶曲线不止限于挑檐，即瓦坡的全部也不是一片直坡倾斜下来。屋顶坡的斜度是越往上越增加。

　　这斜度之由来是依着梁架叠层的加高，这制度称作"举架法"。这举架的原则极其明显，举架的定例也极其简单，只是叠次将梁架上的瓜柱增高，尤其是要脊瓜柱特别高。

使檐沿作仰翻曲度的方法，再增加第二层檐橼。这层橼甚短，只驮在头檐橼上面，再出挑一节。这样则檐的出挑虽加远，而不低下阻蔽光线。

总的说起来，历来被视为极特异神秘之屋顶曲线，并没有什么超出结构原则和不自然造作之处，同时在美观实用方面均是非常得成功。这屋顶坡的全部曲线，上部巍然高举，檐部如翼轻展，使本来极无趣、极笨拙的屋顶部一跃而成为整个建筑的美丽冠冕。

在《周礼》里发现有"上欲尊而宇欲卑，上尊而宇卑，则吐水疾而雷远"之句。这句可谓明晰地写出了实际方面之功效。

既讲到屋顶，我们当然还要注意到屋瓦上的种种装饰物。上面已说过，雕饰必是设施于结构部分才有价值，那么我们屋瓦上的脊瓦吻兽又是如何？

脊瓦可以说是两坡相连处的脊缝上一种镶边的办法，当然也有过当复杂的，但是诚实地来装饰一个结构部分，而不肯勉强地来掩饰一个结构枢纽或关节，是中国建筑最长之处。

瓦上的脊吻和走兽，无疑地本来也是结构上的部分。现时的龙头形"正吻"古称"鸱尾"，最初必是总管"扶脊木"和脊桁等部分的一块木质关键。这木质关键凸出脊上，略作鸟形，后来略加点缀竟然刻成鸱鸟之尾，也是很自然的变化。其所以为鸱尾者还带有一点象征意义，因有传说鸱鸟能吐水，拿它放在瓦脊上可遏制火灾。

走兽最初必为一种大木钉，通过垂脊之瓦，至"由戗"及"角梁"上，以防止斜脊上面瓦片的溜下，唐时已变成两座"宝珠"，在今之"戗兽"及"仙人"地位上。后代鸱尾变成"龙吻"，宝珠变成"戗兽"及"仙人"，尚加增"戗兽""仙人"之间一列"走兽"，也不过是雕饰上变化而已。

并且垂脊上戗兽较大，结束"由戗"一段，底下一列走兽装饰在角梁上面，显露基本结构上的节段，亦甚自然合理。

南方屋瓦上多加增极复杂的花样，完全脱离结构上任务，纯粹地显示技巧，甚属无聊，不足称扬。

外国人因为中国人屋顶之特殊形式迥异于欧西各系，早多注意及之。论说纷纷，妙想天开。有说中国屋顶乃根据游牧时期帐幕者，有说象形蔽天之松枝者，有曰中国飞檐为怪诞者，有谓中国建筑类儿戏者，有的全由走兽龙头方面无谓地探讨意义，几乎不值得在此费时反证。总之，这种曲线屋顶已经从结构上分析了，又从雕饰设施原则上审察了，而其美观实用方面又显著明晰，不容否认。我们的结论实可以简单地承认它艺术上的大成功。

中国建筑的第二个显著特征，并且与屋顶有密切关系的，便是"斗栱"部分。最初檐承于椽，椽承于檐桁，桁则架于梁端。此梁端即是由梁架延长，伸出柱的外边。但高大的建筑物出檐既深，单指梁端支持，势必不胜，结果必产生重叠的木"翘"支于梁端之下。但单借木翘不够担全檐沿的重量，尤其是建筑物愈大，两柱间之距离也愈远，所以又生左右岔出的横"栱"来接受檐桁。这前后的木翘、左右的横栱，结合而成"斗栱"全部（在栱或翘昂的两端和相交处，介于上下两层栱或翘之间的斗形木块称"斗"）。"昂"最初为又一种之翘，后部斜伸出斗栱后用以支"金桁"。

◇ 斗栱部分

斗栱是柱与屋顶间的过渡部分，使支出的房檐的重量渐次集中下来直到柱的上面。斗栱的演化，每是技巧上的进步，但是后代斗栱（约略从宋元以后），便变化到非常复杂，在结构上已有过当的部分，部位上也有改变。本来斗栱只限于柱的上面（今称柱头斗），后来为外观关系，又增加一攒所谓"平身科"者，在柱与柱之间。明清建筑上平身科加增到六七攒，排成一列，完全成为装饰品，失去本来的功用。"昂"之后部功用亦废除，只余前部形式而已。

不过当复杂的斗栱，的确是柱与檐之间最恰当的关节，集中横展的屋檐重量，到垂直的立柱上面，同时变成檐下的一种点缀，可做结构本身变成装饰部分的最好条例。可惜后代的建筑多减轻斗栱在结构上的重要，使之几乎纯为奢侈的装饰品，令中国建筑失却一个优越的中坚要素。

斗栱的演进式样和结构，限于篇幅，不能再仔细述说，只能就它的极基本原则上在此指出它的重要及优点。

斗栱以下的最重要部分自然是柱，及柱与柱之间的细巧的木作。魁伟的圆柱和细致的木刻门窗对照，又是一种艺术上的满意之点。**不止如此，因为木料不能经久的原始缘故，中国建筑又发生了色彩的特征**。涂漆在木料的结构上为的是：（一）保存木质抵制风日雨水；（二）可牢结各处接合关节；（三）加增色彩的特征。这又是兼收美观实际上的好处，不能单以色彩做奇特繁华之表现。彩绘的设施在中国建筑上非常之慎重，部位多限于檐下结构部分，在阴影掩映之中。主要彩色亦为"冷色"，如青、蓝、碧、绿，有时略加金点。其他檐以下的大部分颜色则纯为赤红，与檐下彩绘正成反照。中国人的操纵色彩可谓轻重得当。设使滥用彩色于建筑全部，使上下耀目辉煌，必成野蛮现象，失掉所有庄严和调谐。别系建筑颇有犯此忌者，更可见中国人有超等美术见解。

至彩色琉璃瓦产生之后，连黯淡无光的青瓦都成为片片堂皇的黄金碧玉，这又是中国建筑的大光荣，不过滥用杂色瓦也是一种危险，幸免这种引诱也是我们可骄傲之处。

还有一个最基本结构部分——台基，虽然没有特别可议论称扬之处，不过在全个建筑上看来，有如许壮伟巍峨的屋顶，如果没有特别舒展或多层的基座托衬，必显出上重下轻之势，所以既有那特种的屋顶，则必须有这相当的基座。架构建筑本身轻于垒砌建筑，中国又少有多层楼阁，基础结构颇为简陋。大建筑的基座上加有相当的石刻花纹，这种花纹的分配似乎是根据原始木质台基而成，积渐施之于石。与台基连带的有石栏、石阶、辇道的附属部分，都是各有各的功用，而同时又都是极美的点缀品。

最后的一点关于中国建筑特征的，自然是它的特种的平面布置。平面布置上最特殊处是绝对本着均衡相称的原则，左右均分地对峙。这种分配倒并不是由于结构，主要原因是起于原始的宗教思想和形式、社会组织制度、人民习俗，后来又因喜欢守旧仿古，多承袭传统的惯例。结果均衡相称的原则变成中国特有的一个固执嗜好。

例外于均衡布置建筑也有许多。因庄严沉闷的布置，致激起故意浪漫的变化；此类若园庭、别墅、宫苑楼阁者是平面上极其曲折变幻，与对称的布置正相反其性质。中国建筑有此两种极端相反布置，这两种庄严和浪漫平面之间，也颇有混合变化的实例，供给许多有趣的研究，可以打消西人浮躁的结论，谓中国建筑布置上是完全的单调而且缺乏趣味。但是画廊亭阁的曲折纤巧，也得有相当的限制。过于勉强取巧的人工虽可令寻常人惊叹观止，却是审美者所最鄙薄的。

在这里我们要提出中国建筑上的几个弱点。（一）**中国的匠师对木料，尤其是梁，往往用得太费。**他们显然不明了横梁载重的力量只与梁高成正比例，而与梁宽的关系较小。所以梁的宽度，由近代的工程眼光看来，往往嫌其太过。同时匠师对于梁的尺寸，因没有计算木力的方法，不得不尽量地放大，用极大的安全系数（Factor of Safety），以保安全。结果是材料的大靡费。（二）**他们虽知道三角形是唯一不变动的几何形，但对于这原则极少应用。**所以中国的屋架，经过不十分长久的岁月，便有倾斜的危险。我们在北平街上到处可以看见这种倾斜而用砖墙或木柱支撑的房子。不唯如此，这三角形原则之不应用，也是屋梁费料的一大原因，因为若能应用此原则，梁就可用较小的木料。（三）**地基太浅是中国建筑的大病。**普通则例规定是台明高之一半，下面再垫上几点灰土。这种做法很不彻底，尤其是在北方，地基若不刨到结冰线（Frost Line）以下，建筑物的坚实方面因地的冻冰，一定要发生问题。好在这几个缺点在新建筑师的手里并不成难题。我们只怕不了解，了解之后，要去避免或纠正是很容易的。

结构上的细部枢纽，在西洋诸系中，时常成为被憎恶部分。建筑家不惜费尽心思来掩蔽它们。大者如屋顶用女儿墙来遮掩、如梁架内部结构全部藏入顶棚之内，小者如钉、如合页，莫不全是要掩藏的细部。独有中国建筑敢袒露所有结构部分，毫无畏缩遮掩的习惯，大者如梁、如橡、如梁头、如屋脊，小者如钉、如合页、如箍头，莫不全数呈露外部，或略加雕饰，或布置成纹，使转成一种点缀。几乎全部结构各成美术上的贡献。这个特征在历史上除西方哥特式建筑外，唯有中国建筑有此优点。

　　现在我们方在起始研究，将来若能将中国建筑的源流变化悉数考察无遗，那时优劣诸点极明了地陈列出来，当更可以慎重讨论，做将来中国建筑趋途的指导。省得一般建筑家不是完全遗弃这已往的制度，则是追随西人之后，盲目抄袭中国宫殿，做无意义的尝试。

　　关于中国建筑之将来，更有特别可注意的一点：**我们架构制的原则适巧和现代"洋灰铁筋架"或"钢架"建筑同一道理，以立柱横梁牵制成架为基本。**现代欧洲建筑为现代生活所驱，已断然取革命态度，尽量利用近代科学材料，另具方法形式，而迎合近代生活之需求。若工厂、学校、医院及其他公共建筑等为需要日光便利，已不能仿取古典派之垒砌制，致多墙壁而少窗牖。中国架构制既与现代方法恰巧同一原则，将来只需变更建筑材料，主要结构部分则均可不有过激变动，而同时因材料之可能，更做新的发展，必有极满意的新建筑产生。

祖国的建筑传统与当前的建设问题

原载于1952年《新观察》第16期，署名梁思成、林徽因。

两年多以前，解放了的中国人民就开始了全国性的建设工作。从那时到今天这短短的期间内，全国人民所建造的房屋面积比以往五千年历史中任何一个三年都多。土地改革后的农村中出现了数以百万计的新农舍；城市中出现了无数的工厂、学校、托儿所、医院、办公楼、工人住宅和市民住宅。通过这样庞大规模的工作，全国的建筑工人、建筑师和工程师都不断地提高了自己的政治觉悟，以最愉快的心情和高度的热情接受了全国人民交给他们的光荣任务——全心全意地进行一切和平建设，为美好的社会主义社会打下基础。

过去一个世纪以来，我国沿海岸的大城市赤裸裸地反映了半殖民地的可耻的特性。上海是伦敦东头的缩影，青岛和大连的建筑完全反映日耳曼和日本的气氛。官僚地主丧失了民族自尊心，买办们崇拜外国商人在我们的土地上所蛮横地建造的"洋楼"，大城市的建筑工人也被迫放弃了自己的传统和艺术，为所谓"洋式建筑"服务。我国原有的建筑不但被鄙视，并且大量地被毁灭，城市原有的完整性、艺术风格上的一致性，被强暴地破坏了。帝国主义的军事、经济、文化的侵略本质，在我们许多城市中的建筑上显著而具体地表现了出来。

建筑本来是有民族特性的，它是民族文化中最重要的表现之一；新时代的建筑必须建筑在民族优良传统的基础上，这已是今天中国大多数建筑师们所承认的原则。凡是参加城市建筑设计的建筑师们都负有三重艰巨任务：他们必须肃清许多城市中过去半殖民地的可耻的丑恶面貌，必须恢复我们建筑上的民族特性，发扬光大祖国高度艺术性的建筑体系，同时又必须吸收外国的，尤其是苏联的先进经验，以满足新民主主义的经济建设和文化建设中众多而繁复的需求，真正地表现新时代的中国精神。

在人类各民族的建筑大家庭中，中华民族的建筑是一个独特的体系。我们祖先采用了一个极其智慧的方法：在一个台基上用木材先竖立构架以负荷上部的重量；墙壁只做分隔内外的作用而不必负重，因而门窗的大小和位置都能取得最大的自由，不受限制。这个建筑体系能够适应任何气候，适用于从亚热带到亚寒带的广大地区。这种构架法正符合现代的钢架或钢筋水泥构架的原则，如果中国建筑采用这类现代材料和技术，在大体上是毫不矛盾的。这也是保持中国风格的极有利条件。

我们古代的建筑匠师们积累了世代使用木材的特别经验，创造了在柱头之上用层叠的挑梁，以承托上面的横梁，使得屋顶部分出檐深远，瓦坡的轮廓优美。用层叠挑出的木材所构成的每一个组合称作"斗栱"。**"斗栱"和它们所承托的庄严的屋顶，都是中国建筑上独有的特征**，和欧洲教堂石骨发券结构一样，都是人类在建筑上所达到的高度艺术性的工程。我们古代的匠师们还巧妙地利用保护木材的油漆，大胆地把不同的颜色组成美丽的彩画、图案。不但用在建筑内部，并且用在建筑外部檐下的梁枋上，取得外表上的优异的效果。在屋瓦上，我们也利用有色的琉璃瓦。**这种用颜色的艺术是中国建筑体系的一个显著特征**。在应用色调和装潢方面，中国匠师表现出极强的控制能力，在建筑上所取得的总效果都表现着适当的富丽而又趋向于简练。另外还有一个特点：**在中国建筑中，每一个露在外面的结构部分同时也就是它的装饰部分；那就是说，每一件装饰品都是加了工的结构部分**。中国建筑的装饰与结构是完全统一的。天安门就是这一切优点的卓越的典型范例。

在平面布置上，一所房屋是由若干座个别的厅堂廊庑和由它们围绕着而形成的庭院或若干庭院组合而成的。建筑物和它们所围绕而成的庭院是作为一个整体而设计的。在处理空间的艺术上也达到了最高度的成就。

中国的建筑体系至迟在公元前15世纪已经形成，至迟到汉朝（公元前206年至公元220年[1]）就已经完全成熟。木结构的形式，包括梁柱、斗栱和屋顶，已经被"翻译"到石建筑上去了。中国建筑虽然也采用砖石建造一些重要的工程和纪念性的建筑物，但仍以木结构为主，继续发展它的特长，使它日臻完善，这样成功地赋予纯粹木构建筑以宏大的气魄，是世界各建筑体系中所没有的现象。

---

1 汉朝应指公元前202年至公元220年。——出版者注

这种庄重堂皇的建筑物最卓越显著的范例莫如北京的宫殿，那是所有到过北京的人们所熟悉的。当然，还有各地的许多庙宇衙署也都具有相同的品质。它们都以厅堂、门楼、廊庑以及它们所围绕着的庭院构成一个有机的整体，雄伟壮丽，它们能给人以不易磨灭的印象。这种同样的结构和部署用于住宅时，无论是乡间的农舍或是城市中的宅第，也都可以使其简朴，而适合于日常工作和生活的需要。

古代木结构中一些个别罕贵重要的文物是应当在这里提到的。山西省五台山佛光寺的正殿是一座公元857年建造的佛教建筑，至今仍然十分完整。河北省蓟县[1]的独乐寺中，立着中国第二古的木建筑——一座以两个正层和一个暗层构成的三层建筑也已经屹立了968年。这三层建筑是围绕着国内最大的一尊泥塑立像建造的。上两层的楼板当中都留出一个"井"，让立像高贯三楼，结构极为工巧。木结构另一个伟大的奇迹是察哈尔[2]应县佛宫寺的木塔，有五个正层和四个暗层，共九层，由刹

◇ 佛光寺正殿

<hr />

1 蓟县，千年古县，1973年划归天津市，2016年被撤销，改为蓟州区。——出版者注
2 察哈尔，旧省名，1952年11月被撤销。应县现归山西省管辖。——出版者注

◇ 独乐寺观音阁

尖到地面共高66米。这个极其大胆的结构表现了我国古代匠师在结构方面和艺术方面无可比拟的成就。再过4年,这座雄伟的建筑就满900年的高龄了。从这几座千年左右的杰作中,我们不仅可以看到中国木构建筑的纪念性品质和工巧的结构,而且可以得出结论,这种木结构之所以能有这样的持久性,就是因为它的结构方法科学地合乎木材的性能。

　年龄在700年以上的木建筑,据建筑史家局部的初步调查,全国还有30余处。进一步有系统的调查,必然还能找到更多的遗物。可惜这30余处中已经很少有完整的全组,而只是个别的殿堂。成组的如察哈尔大同的善化寺(辽金时期)和山西太原的晋祠(北宋)都是极为罕贵的。北京故宫——包括太庙(文化宫)和社稷坛(中山公园)——全组的布局,虽然时代略晚,但规模之大、保存之完整,更是珍贵无比的。

◇善化寺普贤阁

◇晋祠大门

赵州

在砖或石的建筑方面，古代的工程师和建筑师们也发挥了高度的创造性。在陵墓建筑、防御工程、桥梁工程和水利工程上都有伟大的创造。

著名的万里长城起伏蜿蜒在1300余公里的山脊上，北京的城墙和巍峨的城门楼是构成北京整体的一个重要因素。它们不是没有生命的砖石堆，而是浑厚伟大的艺术杰作。在造桥方面，1300年前建造的河北省赵县的大石桥（又名赵州桥）是用一个跨度约37.5米的券做成的"空撞券桥"。像那样在主券上用小券的无比聪明的办法，直到1912年才初次被欧洲人采用；而在那样早的年代里，竟有一位名叫李春的匠人给我们留下了这样一件伟大壮丽的工程，足以证明在那时候以前，我国智慧的劳动人民的造桥经验已经是多么丰富了。

今日在全国的土地上最常见的砖石建筑是全国无数的佛塔，其中很多是艺术杰作。河南省嵩山嵩岳寺的砖塔是我国佛教建筑中最古的文物，建于公元520年，也是国内现存最古的砖建筑。它只是简单地用砖砌成，只有极少的建

◇赵州桥

筑装饰。只凭它十五层的叠涩檐和柔和的抛物线所形成的秀丽挺拔的轮廓，已足以使它成为最伟大的艺术品。在河北省涿县的双塔上，11世纪的建筑师却极其巧妙地用砖作表现了木构建筑的形式，外表与略早的佛宫寺木塔几乎完全一样。虽然如此，它们仍充分地表现了砖石结构浑厚的品质。

砖石建筑在华北和西北广泛地被采用着，它们都用筒形券的结构。当以砖石作为殿堂时，则按建筑物纪念性之轻重，适当地用砖石表现木结构的样式。许多所谓"无梁殿"的建筑，如山西太原永祚寺明末（1595年）的大雄宝殿都属于这一类。

检查我们过去的许多建筑物，我们注意到两种重要事实：（一）**无论是木结构或砖石结构，无论在各地方有多少不同的变化，中国建筑几千年来都保持着一致的、一贯的、明确的民族特性；（二）我们古代的匠师们善于在自己的传统的基础上适当地吸收外来的影响，丰富了自己，但从来没有因此而丧失了自己的民族特性。**

但是自从帝国主义以武力侵略我国，文化上和平而自然的交流被蛮横的武力所代替以来，情形就不同了。沿海岸和长江上的一些"通商口岸"被侵略者用他们带来的建筑形式生硬地移植到原来的环境中，对于我国城市的环境风格加以傲慢的鄙视和粗暴的破坏。学校里训练出来的新型知识分子的建筑师竟全部放弃中国建筑的传统，由思想到技术完完全全地模仿欧美的建筑体系，不折不扣地接受了欧美建筑传统，把它硬搬到祖国来。过去一个世纪的中国建筑史正是中国近代被侵略史的另一悲惨的版本！

从清朝末年到中华人民共和国成立以前，有些建筑师们只为少数地主、官僚、买办建造少数的公馆、洋行、公司，为没落的封建制度和半殖民地的政治经济服务。因为殖民地经济的可怜情况，建筑不但在结构和外表方面产生了许多丑恶类型，而且在材料方面、在平面的部署方面都堕落到最不幸的水平。建筑师们变成为帝国主义的经济、文化侵略服务，同时蔑视自己本国艺术遗产、优秀工匠和成熟而优越的技术传统。此后，任何建筑作品都成了最不健康的殖民地文化的最明显的代表，反映着那时期的畸形的政治经济情况。到了中华人民共和国成立前夕，每一个爱国的建筑师越来越充满了痛苦而感到彷徨。

祖国的解放为我们全国的建筑师带来了空前的大转变。我们不但忽然得到了设计成千上万的住宅、工厂、学校、医院、办公楼的机会，我们不但在一两年中所设计的房屋面积就可能超过过去半生所设计的房屋面积的总和乃至若干倍，最主要的是我们知道我们的服务对象不是别人，而是劳动人民。我们是为祖国的和平的社会主义事业而建设，也是为世界的和平建设的一部分而努力。我们集体工作的成果将是这新时代的和平民主精神的表现。我们的工作充满了重要意义，在今天，任何建筑师，无论在经济建设或文化建设中，都是最活跃的一员。我们为这光荣的任务感到兴奋和骄傲。但是我们也因此而感到还应当以更严肃的态度担负起这沉重的责任。

这许多重大的意义，建筑师们不是一下子就认识到的。由于过去的习惯，起初我们只见到因为建造的量的增加使我们得以"一显身手"的许多机会，但很快地一个严重的问题使我们思索了。这么大量的建造之出现将要改变祖国千百个城市的面貌。我们应该用什么材料、什么结构、什么形式来处理呢？这是需要认真地思虑的，是必须有正确领导的，是不能任其自流和盲目发展的。好在在这里，共同纲领的文化教育政策已给了我们一个行动指南。这就是毛主席所提出的新民主主义的文化教育政策。

遵照毛主席在《新民主主义论》中对于新文化的英明正确的分析，中国的新文化是"民族的。它是反对帝国主义压迫，主张中华民族的尊严和独立的。它是我们这个民族的，带有我们的民族特性"。因此建筑当然也"应有自己的形式，这就是民族形式。民族的形式，新民主主义的内容"。

中国的新建筑必须是"科学的……主张实事求是，主张客观真理，主张理论与实践一致的"，"……是从古代的旧文化发展而来"的。建筑师"必须尊重自己的历史，决不能割断历史。……尊重历史的辩证法的发展，而不是颂古非今……不是要引导他们（人民群众）向后看，而是要引导他们向前看"。

这个新建筑"是大众的，因而即是民主的。它应为全民族中百分之九十以上的工农劳苦民众服务。……把提高和普及互相区别又互相联结起来"。

有了这样明确而英明的指示，建筑师们就应当认清方向，满怀信心，大踏步向前迈进。我们必须毫不犹豫地、无所留恋地扬弃那些资本主义的、割断历史的世界主义的各种流派建筑和各流派的反动理论；必须彻底批判"对世界文化遗产的虚无主义态度以及忽视民族艺术遗产的态度"（苏联建筑科学院院长莫尔德维诺夫语）。不可否认地，目前首先亟待解决的是广大劳动人民工作和居住所大量需要的房屋的问题；目前所要达到的量是要超过于质的。但是我们相信，普及会与提高"互相联结起来"的。毛主席告诉我们："随同经济建设高潮的到来，不可避免地将要出现一个文化建设的高潮。"建筑师们正在为伟大的和平建设努力。我们目前正在为大规模的经济建设贡献出一切力量，但同时也必须准备迎接文化建设的高潮。新的设计必须努力提高水平。研究、理解、爱好过去的本国建筑的热情必须培养起来。在中央文化部的领导下，整理艺术遗产的工作已在每日加强。在中央教育部的领导下，在培养下一代的建筑师的教学方针上，已采用了苏联的先进教学计划，在创造中注重民族传统已是一个首要的重点。

全国人民有理由向建筑师们要求，也有理由相信，在很短的期间内，在全国的一切建筑设计中，必然要获得巨大的成就，建筑师们的设计标准必然会显著地提高，因为我们会再度找到自己的传统的艺术特征，用最新的技术和材料，发展出光辉的、"为中国人民所喜爱"的、不愧为毛泽东时代的中国的新建筑。那就是新民主主义的，亦即我们"民族的、大众的"建筑。

闲谈关于古代建筑的一点消息
（附梁思成君通信四则）

在这整个民族和他的文化，均在挣扎着他们垂危的运命的时候，凭你有多少关于古代艺术的消息，你只感到说不出口的难受！艺术是未曾脱离过一个活泼的民族而存在的；一个民族衰败湮没，他们的艺术也就跟着消沉僵死。知道一个民族在过去的时代里，曾有丰富的成绩，并不保证他们现在仍然在活跃繁荣。

但是反过来说，如果我们到了连祖宗传留下的家产都没有能力清理或保护，乃至于让家里的至宝毁坏散失，或竟拿到旧货摊上变卖，这现象却又恰恰证明我们这做子孙的没有出息，智力德行已经都到了不能再堕落的田地。睁着眼睛向旧有的文艺喝一声："去你的，咱们维新了，革命了，用不着再留丝毫旧有的任何智识或技艺了。"这话不但不通，简直是近乎无赖！

话是不能说到太远，题目里已明显地提过有关古建筑的消息在这里，不幸我们的国家多故，天天都是迫切的危难临头，骤听到艺术方面的消息似乎觉到有点不识时宜，但是，相信我——上边已说了许多——这也是我们当然会关心的一点事，如果我们这民族还没有堕落到不认得祖传宝贝的田地。

这消息简单地说来，就是新近有几个死心眼的建筑师放弃了他们盖洋房的好机会，卷了铺盖到各处测绘几百年前他们同行中的先进，用他们当时的一切聪明技艺，所盖惊人的伟大建筑物，在我投稿时候正在山西应县辽代的八角五层木塔前边。

山西应县的辽代木塔，说来容易，听来似乎也平淡无奇，值不得心多跳一下，眼睛睁大一分。但是西历1056年到现在，算起来是整整的877年。古代完全木构的建筑物高到二百八十五尺[1]，在中国也就剩这一座独一无二的应县佛宫寺塔了。比这塔更早的木构已经专家看到，加以认识和研究的，在国内的只不过五处而已。

中国建筑的演变史在今日还是个灯谜，将来如果有一天，我们有相当地把握写部建筑史时，那部建筑史也就可以像一部最有趣味的侦探小说，其中主要的人物给侦探以相当方便和线索的，左不是那几座现存的最古遗物。现在唐代木构在国内还没找到一个，而宋代所刊《营造法式》又还有困难不能完全解释的地方。这距唐不久、离宋全盛时期还早的辽代，居然遗留给我们一些顶呱呱的木塔、高阁、佛殿、经藏，帮我们抓住前后许多重要的关键，这在几个研究建筑的死心眼人看来，已是了不起的事了。

---

1 今实测为67.31米。——出版者注

我最初对于这应县木塔似乎并没有太多的热心，原因是思成自从知道了有这塔起，对于这塔的关心几乎超过他自己的日常生活。早晨洗脸的时候，他会说"上应县去不应该是太难吧！"。吃饭的时候，他会说"山西都修有顶好的汽车路了"。走路的时候，他会忽然间笑着说，"如果我能够去测绘那应州塔，我想，我一定……"他话常常没有说完，也许因为太严重的事怕语言亵渎了，最难受的一点是他根本还没有看见过这塔的样子，连一张模糊的照片或翻印都没有见到！

有一天早上，在我们少数信件之中，我发现有一个纸包，寄件人的住址却是山西应县××斋照相馆！——这才是侦探小说有趣的一页——原来他想了这么一个方法，写封信"探投山西应县最高等照相馆"，弄到一张应州木塔的照片。我只得笑着说阿弥陀佛，他所倾心的幸而不是电影明星！这照相馆的索价也很新鲜，他们要一点北平的信纸和信笺做酬金，据说因为应县没有南纸店。

时间过去了三年让我们来夸他一句"有志者事竟成"吧，这位思成先生居然在应县木塔前边——何止，竟是上边、下边、里边、外边——绕着测绘他素仰的木塔了。

通信一

……大同工作已完，除了华严寺外都颇详尽。今天是到大同以来最疲倦的一天，然而也就是最近于首途应县的一天了，十分高兴。明晨七时由此搭公共汽车赴岱，由彼换轿车"起早"，到即电告。你走后我们大感工作不灵，大家都用愉快的意思回忆和你各处同作的畅顺，悔惜你走得太早。我也因为想到我们和应塔特殊的关系，悔不把你硬留下同去瞻仰。家里放下许久实在不放心，事情是绝对没有办法，可恨。应县工作四五日可完，然后再赴×县……

◇ 应县佛宫寺木塔

通信二

昨晨七时由同乘汽车出发，车还新，路也平坦，有时竟走到每小时五十里的速度，十时许到岱岳。岱岳是山阴县一个重镇，可是雇车费了两个钟头才找到，到应县时已八点。

离县二十里已见塔，由夕阳返照中见其闪烁，一直看到它成了剪影，那算是我对于这塔的拜见礼。在路上因车摆动太甚，稍稍觉晕，到后即愈。县长养有好马，回程当借匹骑走，可免受晕车苦罪。

今天正式地去拜见佛宫寺塔，绝对的"overwhelming"，好到令人叫绝，喘不出一口气来半天！

塔共有五层，但是下层有副阶（注：重檐建筑之次要一层，宋式谓之副阶[1]），上四层，每层有平坐，实算共十层。因梁架斗栱之不同，每层须量俯视、仰视，平面各一；共20个平面图要画！塔平面是八角，每层须做一个正中线和一个斜中线的断面。斗栱不同者三四十种，工作是意外的繁多、意外的有趣，未来前的"五天"工作预算恐怕不够太多。

塔身之大，实在惊人，每面三开间，八面完全同样。我的第一个感触便是可惜你不在此，同我享此眼福，不然我真不知你要几体投地地倾倒！回想在大同善化寺暮色里同向着塑像瞪目咋舌的情形，使我愉快得不愿忘记那一刹那人生稀有的由审美本能所触发的锐感。尤其是同几个兴趣同样的人在同一个时候浸在那锐感里边。士能[2]忘情时那句"如果元明以后有此精品，我的刘字倒挂起来了"，我时常还听得见。这塔比起大同诸殿更加雄伟，单是那高度已可观，士能很高兴，他竟听我们的

---

1 此处当指塔身、殿身周围包绕一圈外廊，唐、宋时称副阶。——出版者注
2 即建筑学家刘敦桢（1897—1968），字士能。——出版者注

劝说没有放弃这一处，同来看看，虽然他要不待测量先走了。

应县是一个小小的城，是一个产盐区，在地下掘下不深就有咸水，可以煮盐，所以是个没有树的地方。在塔上看全城，只数到十四棵不很高的树！

工作繁重，归期怕要延长很多，但一切吃住都还舒适，住处离塔亦不远，请你放心……

通信三

士能已回，我同莫君留此详细工作，离家已将一个月却似更久。想北平正是秋高气爽的时候。非常想家！

照片已照完，十层平面全量了，并且非常精细，将来誊画正图时可以省事许多。明天起，量斗栱和断面，又该飞檐走壁了。我的腿已有过厄运，所以可以不怕。现在做熟了，希望一天可做两层，最后用仪器测各檐高度和塔刹，三四天或可竣工。

这塔真是个独一无二的伟大作品，不见此塔，不知木构的可能性到了什么程度。我佩服极了，佩服建造这塔的时代和那时代里不知名的大建筑师、不知名的匠人。

这塔的现状尚不坏，虽略有朽裂处。870余年的风雨它不动声色地承受，并且它还领教过现代文明：民（国）十六七年间冯玉祥攻山西时，这塔曾吃了不少的炮弹，痕迹依然存在，这实在叫我脸红。第二层有一根泥道栱竟为打去一节，第四层内部阑额内尚嵌着一弹，未经取出，而最下层西面两檐柱都有碗口大小的孔，正穿通柱身，可谓无独有偶。此外枪孔无数，幸而尚未打倒，也算是这塔的福气。现在应县人士有捐钱重修之议，将来回平后将不免为他们奔走一番，不用说动工时还须再来应县一次。

　　×县至今无音信，虽然前天已发电去询问，若两三天内回信来，与大同诸寺略同则不去，若有唐代特征如人字栱（！）、鸱尾，等等，则一步一磕头也要去的！……

通信四

　　……这两天工作颇顺利，塔第五层（即顶层）的横截面已做了一半，明天可以做完。断面做完之后，将有顶上之行，实测塔顶相轮之高；然后做楼梯、栏杆、槅扇的详样；然后用仪器测全高及方向；然后抄碑；然后检查损坏处，以备将来修理。我对这座伟大建筑物目前的任务，便暂时告一段落了。

　　今天工作将完时，忽然来了一阵"不测的风云"。在天晴日美的下午五时前后狂风暴雨，雷电交作。我们正在最上层梁架上，不由得不感到自身的危险，不单是在二百八十多尺高将近千年的木架上，而且紧在塔顶铁质相轮之下，电母风伯不见得会讲特别交情。我们急着爬下，则见实测记录册子已被吹开，有一页已飞到栏杆上了。若再迟半秒钟，则十天的工作有全部损失的危险，我们追回那一页后，急步下楼——约5分钟——到了楼下，却已有一线骄阳，由蓝天云隙里射出，风雨雷电已全签了停战协定了。我抬头看塔仍然存在，庆祝它又避过了一次雷打的危险，在急流成渠的街道上回到住处去。

　　我在此每天除爬塔外，还到××斋看了托我买信笺的那位先生。他因生意萧条，现在只修理钟表而不照相了……

这一段小小的新闻，抄用原来的通信，似乎比较可以增加读者的兴趣，又可以保存朝拜这古塔的人的工作时的印象和经过，又可以省却写这段消息的人说出旁枝的话。虽然在通信里没讨论到结构上的专门方面，但是在那一部侦探小说里也自成一章，至少那××斋照相馆的事例颇有始有终，思成和这塔的"姻缘"也可算圆满。

关于这塔，我只有一桩事要加附注。**在佛宫寺的全部平面布置上，这塔恰恰在全寺的中心**，前有山门、钟楼、鼓楼、东西两配殿，后面有桥通平台，台上还有东西两配殿和大殿。这是个极有趣的布置，至少我们疑心古代的伽蓝有许多是如此把高塔放在当中的。

第二章

我们的首都

中山堂

　　我们的首都是这样多方面的伟大和可爱，每次我们都可以从不同的事物来介绍和说明它，来了解和认识它。我们的首都是一个最富于文物建筑的名城，从文物建筑来介绍它，可以更深刻地感到它的伟大与罕贵。下面这个镜头就是我要在这里首先介绍的一个对象。

　　它是中山公园内的中山堂。你可能已在这里开过会，或因游览中山公园而认识了它；你也可能是没有来过首都而希望来的人，愿意对北京有个初步的了解。让我来介绍一下吧，这是一个愉快的任务。

这个殿堂的确不是一个寻常的建筑物。就是在这个满是文物建筑的北京城里，它也是极其罕贵的一个。**因为它是这个古老的城中最老的一座木构大殿，它的年龄已有530岁了**。它是15世纪20年代的建筑，是明朝永乐由南京重回北京建都时所造的许多建筑物之一，也是明初工艺最旺盛的时代里，我们可尊敬的无名工匠们所创造的、保存到今天的一个实物。

这个殿堂过去不是帝王的宫殿，也不是佛寺的经堂。它是执行中国最原始宗教中祭祀仪节而设的坛庙中的"享殿"。中山公园过去是"社稷坛"，就是祭土地和五谷之神的地方。

凡是坛庙都用柏树林围绕，所以环境优美，成为现代公园的极好基础。社稷坛全部包括中央一广场、场内一方坛，场四面有短墙和棂星门；短墙之外，三面为神道，北面为享殿和寝殿；它们的外围又有红围

◇中山堂

墙和美丽的券洞门。正南有井亭，外围古柏参天。

中山堂的外表是个典型的大殿。白石镶嵌的台基和三道石阶、朱漆合抱的并列立柱、精致的门窗、青绿彩画的阑额、由综错木材所组成的"斗栱"和檐椽等所造成的建筑装饰，加上黄琉璃瓦巍然耸起、微曲的坡顶，都可说是典型的但也正是完整而美好的结构。**它比例的稳重、尺度的恰当，也恰如它的作用和它的环境所需要的。**它的内部不用天花顶棚，而将梁架斗栱结构全部外露，即所谓"露明造"的格式。我们仰头望去，就可以看见每一块结构的构材处理得有如装饰画那样美丽，同时又组成了巧妙的图案。当然，传统的青绿彩绘也更使它灿烂而华贵。但是明初遗物的特征是木材的优良（每柱必是整料，且以楠木为主）和匠工砍削榫卯的准确，这些都不是在外表上显著之点，而是属于它内在的品质的。

中国劳动人民所创造的这样一座优美的、雄伟的建筑物，过去只供封建帝王愚民之用，现在回到了人民的手里，它的效能充分地被人民使用了。1949年8月，北京市第一届人民代表会议就是在这里召开的。两年多来，这里开过各种会议百余次。这大殿是多么恰当地用作各种工作会议和报告的大礼堂！而更巧的是同社稷坛遥遥相对的太庙，也已用作首都劳动人民的文化宫了。

北京市劳动人民文化宫

北京市劳动人民文化宫是首都人民所熟悉的地方。它在天安门的左侧，同天安门右侧的中山公园正相对称。它所占的面积很大，南面和天安门在一条线上，北面背临着紫禁城前的护城河，西面由故宫前的东千步廊起，东面到故宫的东墙根止，东西宽度恰是紫禁城的一半。这里是408年以前（明嘉靖二十三年，1544年）劳动人民所辛苦建造起来的一所规模宏大的庙宇。**它主要是由三座大殿、三进庭院所组成；**此外，环绕着它的四周的，是一片蓊郁古劲的柏树林。

这里过去称作"太庙"，只是沉寂地供着一些死人牌位和一年举行几次皇族的祭祖大典的地方。1950年国际劳动节，这里的大门上挂上了毛主席亲笔题的匾额——"北京市劳动人民文化宫"，它便活跃起来了。在这里面所进行的各种文化娱乐活动经常受到首都劳动人民的热烈欢迎，以至于这里林荫下的庭院和大殿里经常挤满了人，假日和举行各种展览会的时候，等待入门的行列有时一直排到天安门前。

在这里，各种文化娱乐活动是在一个特别美丽的环境中进行的。这个环境的特点有二：

一、它是故宫中工料特殊精美而在400多年中又丝毫未被伤毁的一个完整的建筑组群。

二、它的平面布局是在祖国的建筑体系中，在处理空间的方法上最卓越的例子之一。不但是它的内部布局爽朗而紧凑，在虚实起伏之间构成一个整体，并且它还是故宫体系总布局的一个组成部分，同天安门、端门和午门有一定的关系。如果我们从高处下瞰，就可以看出文化宫是以一个广庭为核心，四面建筑物环抱，北面是建筑的重点。它不单是一座单独的殿堂，而是前后三殿：中殿与后殿都各有它的两厢配殿和前院；**前殿特别雄大，有两重屋檐、三层石基，左右两厢是很长的廊庑，像两臂伸出抱拢着前面的广庭。**南面的建筑很简单，就是入口的大门。在这全组建筑物之外，环绕着两重有琉璃瓦饰的红墙，两圈红墙之间是一周苍翠的老柏树林。南面的树林是特别大的一片，造成浓荫，和北头建筑物的重点恰相呼应。**它们所留出的主要空间就是那个可容万人以上的广庭，配合着两面的廊子。这样的一种空间处理，是非常适合于**

户外的集体活动的。这也是我们祖国建筑的优良传统之一。这种布局与中山公园中的社稷坛部分完全不同，但在比重上又恰是对称的。如果说社稷坛是一个四条神道由中心向外展开的坛（仅在北面有两座不高的殿堂），文化宫则是一个由四面殿堂廊屋围拢来的庙。这两组建筑物以端门前庭为锁钥，和午门、天安门是有机地联系着的。在文化宫里，如果我们由下往上看，不但可以看到北面重檐的正殿巍然而起，并且可以看到午门上的五凤楼一角正成了它的西北面背景，早晚云霞，金瓦翠飞，气魄的雄伟，给人极深刻的印象。

◇ 太庙正殿

故宫三大殿

  北京城里的故宫中间，巍然崛起的三座大宫殿是整个故宫的重点、"紫禁城"内建筑的核心。以整个故宫来说，那样庄严宏伟的气魄，那样富于组织性又富于图画美的体型风格，那样处理空间的艺术，那样的工程技术、外表轮廓和平面布局之间的统一的整体，**无可否认地，它是全世界建筑艺术的绝品，它是一组伟大的建筑杰作，它也是人类劳动创造史中放出异彩的奇迹之一。**我们有充足的理由，为我们这"世界第一"而骄傲。

  三大殿的前面有两段作为序幕的布局是值得注意的。第一段由天安门经端门到午门，两旁长列的"千步廊"是个严肃的开端。第二段在午门与太和门之间的小广场，更是一个美丽的前奏。这里一道弧形的金水河和河上五道白石桥，在黄瓦红墙的气氛中，北望太和门的雄劲，这个环境适当地给三殿做了心理准备。

  太和、中和、保和三座殿是前后排列着同立在一个庞大而崇高的工字形白石殿基上面的。这种台基过去称"殿陛"，共高二丈[1]，分三层，每层有刻石栏杆围绕，台上列铜鼎等。台前石阶三列，左右各一列，路上都有雕镂隐起的龙凤花纹。这样大尺度的一组建筑物是用更宏大尺度的庭院围绕起来的。广庭气魄之大是无法形容的。庭院四周有廊屋，太和与保和两殿的左右还有对称的楼阁和翼门，四角有小角楼。这样的布局是我国特有的传统，常见于美丽的唐宋壁画中。

三殿中太和殿最大，也是全国最大的一个木构大殿。横阔十一间，进深五间，外有廊柱一列，全个殿内外立着84根大柱。殿顶是重檐的"庑殿式"，瓦顶全部用黄色的琉璃瓦，光泽灿烂，同蓝色天空相辉映。底下彩画的横额和斗栱、朱漆柱、金琐窗，同白石阶基也做了强烈的对比。这个殿建于康熙三十六年（1697年），已有255岁，而结构整严完好如初。内部渗金盘龙柱和上部梁枋藻井上的彩画虽稍剥落，但仍然华美动人。

◇ 太和殿

---

1 今实测为8米多。——出版者注

中和殿在工字基台的中心，平面为正方形，宋元工字殿当中的"柱廊"竟蜕变而成了今天的亭子形的方殿。屋顶是单檐"攒尖顶"，上端用渗金圆顶为结束。此殿是清初顺治三年的原物，比太和殿又早50余年。

保和殿立在工字形殿基的北端，东西阔九间，每间尺度又都小于太和殿，上面是"歇山式"殿顶，它是明万历的"建极殿"原物，未经破坏或重建的。至今上面童柱上还留有"建极殿"标识。**它是三殿中年寿最老的，已有337年的历史。**

三大殿中的两殿，一前一后，中间夹着略为低小的单位所造成的格局，是它美妙的特点。要用文字形容三殿是不可能的，而同时因环境之大，摄影镜头很难把握这三殿全部的雄姿。深刻的印象必须亲自进到那动人的环境中，才能体会得到。

◇中和殿

北海公园

在200多万人口的城市中，尤其是在布局谨严、街道引直、建筑物主要都左右对称的北京城中，会有像北海这样一处水阔天空、风景如画的环境，据在城市的心脏地带，实在令人料想不到，使人惊喜。

初次走过横亘在北海和中海之间的金鳌玉蝀桥的时候，望见隔水的景物，真像一幅画面，给人的印象尤为深刻。耸立在水心的琼华岛，山巅白塔，林间楼台，受晨光或夕阳的渲染，景象非凡特殊，湖岸石桥上的游人或水面小船，处处也都像在画中。池沼园林是近代城市的肺腑，借以调节气候、美化环境、休息精神；北海风景区对全市人民的健康所起的作用是无法衡量的。北海在艺术和历史方面的价值都是很突出的，但更可贵的还是在它今天回到了人民手里，成了人民的公园。

我们重视北海的历史，因为它也就是北京城历史重要的一段。它是今天的北京城的发源地。远在辽代（11世纪初），琼华岛的地址就是一个著名的台，传说是"萧太后台"。到了金朝（12世纪中叶），统治者在这里奢侈地为自己建造郊外离宫：凿大池，改台为岛，移北宋名石筑山，山巅建美丽的大殿。元忽必烈攻破中都，曾住在这里。元建都时，废中都旧城，选择了这离宫地址作为他的新城、大都皇宫的核心，称北海和中海为太液池。元的三个宫分立在两岸，水中前有"瀛洲圆殿"，就是今天的团城，北面有桥通"万岁山"，就是今天的琼华岛。**岛立太液池中，气势雄壮，山巅广寒殿居高临下，可以远望西山、俯瞰全城，是忽必烈的主要宫殿，也是全城最突出的重点**。明毁元三宫，建造今天的故宫以后，北海和中海的地位便不同了，也不那样重要了。统治者把两海改为游宴的庭园，称作"内苑"。广寒殿废而不用，明万历时坍塌。清初开辟南海，增修许多庭园建筑，北海北岸和东岸都有个别幽静的单位。北海面貌最显著的改变是在1651年，琼华岛广寒殿旧址上，建造了今天所见的西藏式白塔。岛正南半山殿堂也改为佛寺，由石阶直升上去，遥对团城。这个景象到今天已保持整整300年了。

◇ 北海公园白塔

北海布局的艺术手法是继承宫苑创造幻想仙境的传统，所以**它以琼华岛仙山楼阁的姿态为主：上面是台殿亭馆；中间有岩洞石室；北面游廊环抱，廊外有白石栏楯，长达300米；中间漪澜堂上起轩楼为远帆楼，和北岸的五龙亭隔水遥望，互见缥缈，是本着想象的仙山景物而安排的。**湖心本植莲花，其间有画舫来去。北岸佛寺之外，还作小西天，又受有佛教画的影响。其他如桥亭堤岸，多少是模拟山水画意。北海的布局是有着丰富的艺术传统的。它的曲折有趣、多变化的景物，也就是它最得游人喜爱的因素。同时更因为它的水面宏阔，林岸较深，尺度大，气魄大，最适合于现代青年假期中的一切活动：划船、滑冰、登高远眺，北海都有最好的条件。

◇ 北海公园

天坛

　　天坛在北京外城正中线的东边，占地差不多4000亩，围绕着有两重红色围墙。墙内茂密参天的老柏树，远望是一片苍郁的绿荫。由这树林中高高耸出深蓝色伞形的琉璃瓦顶，**它是三重檐子的圆形大殿的上部，尖端上闪耀着涂金宝顶。这是祖国一个特殊的建筑物、世界闻名的天坛祈年殿。**由南方到北京来的火车，进入北京城后，车上的人都可以从车窗中见到这个景物。它是许多人对北京文物建筑最先的一个印象。

　　天坛是过去封建主每年祭天和祈祷丰年的地方、封建的愚民政策和迷信的产物；但它也是过去辛勤的劳动人民用血汗和智慧所创造出来的一种特殊美丽的建筑类型，今天有着无比的艺术和历史价值。

　　天坛的全部建筑分成简单的两组，安置在平舒开朗的环境中，外周用深深的树林围护着。南面一组主要是祭天的大坛，称作"圜丘"，和一座不大的圆殿，称"皇穹宇"。北面一组就是祈年殿和它的后殿——皇乾殿、东西配殿和前面的祈年门。这两组相距约600米，由一条白石大道相连。两组之外，重要的附属建筑只有向东的"斋宫"一处。外面两周的围墙在平面上南边一半是方的，北边一半是半圆形的。这是根据古代"天圆地方"的说法而建筑的。

圜丘是祭天的大坛，平面正圆，全部白石砌成；分三层，高约一丈六尺；最上一层直径九丈，中层十五丈，底层二十一丈。[1]每层有石栏杆绕着，三层栏板共合成360块，象征"周天三百六十度"。各层四面都有九步台阶。这座坛全部尺寸和数目都用一、三、五、七、九的"天数"或它们的倍数，是最典型的封建迷信结合的要求。但在这种苛刻条件下，智慧的劳动人民却在造型方面创造出一个艺术杰作。这座洁白如雪、重叠三层的圆坛，周围环绕着玲珑像花边般的石刻栏杆，形体是这样美丽，它永远是个可珍贵的建筑物，点缀在祖国的地面上。

圜丘北面棂星门外是皇穹宇。这座单檐的小圆殿的作用是存放神位木牌（祭天时"请"到圜丘上面受祭，祭完送回）。最特殊的是它外面周绕的围墙，平面作成圆形，只在南面开门。墙面是精美的磨砖对缝，所以靠墙内任何一点，向墙上低声细语，他人把耳朵靠近其他任何一点，都可以清晰地听到。人们都喜欢在这里做这种"声学游戏"。

祈年殿是祈谷的地方，是个圆形大殿，三重蓝色琉璃瓦檐，最上一层上安金顶。殿的建筑用内外两周的柱，每周十二根，里面更立四

---

1 圜丘实测高为5.17米，最上一层直径为23.65米，中层直径为39.31米，底层直径为54.91米。——出版者注

根**"龙井柱"**。圆周十二间都安槅扇门，没有墙壁，庄严中呈显玲珑。这殿立在三层圆坛上，坛的样式略似圜丘而稍大。

　　天坛部署的规模是明嘉靖年间制定的。现存建筑中，圜丘和皇穹宇是清乾隆八年（1743年）所建。祈年殿在清光绪十五年雷火焚毁后，又在第二年（1890年）重建。祈年门和皇乾殿是明嘉靖二十四年（1545年）原物。现在祈年门梁下的明代彩画是罕有的历史遗物。

◇ 天坛祈年殿

颐和园

　　在中国历史中，城市近郊风景特别好的地方，封建主和贵族豪门等总要独霸或强占，然后加以人工的经营来做他们的"禁苑"或私园。这些著名的御苑、离宫、名园，都是和劳动人民的血汗和智慧分不开的。他们凿了池或筑了山，建造了亭台楼阁，栽植了树木花草，布置了回廊曲径、桥梁水榭，在许许多多巧妙的经营与加工中，才把那些离宫或名园提到了高度艺术的境地。现在，这些可宝贵的祖国文化遗产，都已回到人民手里了。

　　北京西郊的颐和园，在著名的圆明园被帝国主义侵略军队毁了以后，是中国4000年封建历史里保存到今天的最后的一个大"御苑"。颐和园周围十三华里[1]，园内有山有湖。倚山临湖的建筑单位大小数百，最有名的长廊，东西就长达一千几百尺[2]，共计273间。

---

1 一说为约8千米。——出版者注
2 今实测为728米。——出版者注

颐和园的湖、山基础，是经过金、元、明三朝所建设的。清朝规模最大的修建开始于乾隆十五年（1750年），当时本名清漪园，山名万寿，湖名昆明。1860年，清漪园和圆明园同遭英法联军毒辣的破坏。前山和西部大半被毁，只有山巅琉璃砖造的建筑和"铜亭"得免。

前山湖岸全部是光绪十四年（1888年）所重建。那时西太后那拉氏专政，为自己做寿，竟挪用了海军造船费来修建，改名颐和园。

颐和园规模宏大，布置错杂，我们可以分成后山、前山、东宫门、南湖和西堤等四大部分来了解它。

第一部分后山，是清漪园所遗留下的艺术面貌，精华在万寿山的北坡和坡下的苏州河。东自"赤城霞起"关口起，山势起伏，石路回转，一路在半山经"景福阁"到"智慧海"，再向西到"画中游"。一路沿山下河岸，处处苍松深郁或桃树错落，是初春清明前后游园最好的

◇ 苏州街

地方。山下小河（或称后湖）曲折，忽狭忽阔；**沿岸模仿江南风景，故称"苏州街"**，河也名"苏州河"。

正中北宫门入园后，有大石桥跨苏州河上，向南上坡是"后大庙"旧址，今称"须弥灵境"。这些地方，今天虽已剥落荒凉，但环境幽静，仍是颐和园最可爱的一部分。东边"谐趣园"是仿无锡惠山园的风格，当中荷花池，四周有水殿曲廊，极为别致。西面通到前湖的小苏州河，岸上东有"买卖街"（现已不存），俨如江南小镇。更西的长堤垂柳和六桥是仿杭州西湖六桥建设的。这些都是模仿江南山水的一个系统的造园手法。

第二部分前山湖岸上的布局，主要是排云殿、长廊和石舫。排云殿在南北中轴线上。这一组由临湖一座牌坊起，上到排云殿，再上到佛香阁；倚山建筑，巍然耸起，是前山的重点。**佛香阁是八角攒尖顶的多层建筑物，立在高台上，是全山最高的突出点**。这一组建筑的左右还有"转轮藏"和"五方阁"等宗教建筑物。附属于前山部分的还有米山上的几处别馆，如"景福阁""画中游"等。

沿湖的长廊和中线呈丁字形；西边长廊尽头处，湖岸转北到小苏州河，傍岸处就是著名的"石舫"，名清晏舫。前山着重侈大、堂皇富丽，和清漪园时代重视江南山水的曲折大不相同；前山的安排是"仙山蓬岛"的格式，略如北海琼华岛，建筑物倚山层层上去，成一中轴线，以高耸的建筑物为结束。湖岸有石栏和游廊。对面湖心有远岛，以桥相通，也如北海团城。只是岛和岸的距离甚大，通到岛上的十七孔长桥不在中线，而由东堤伸出，成为远景。

◇
石舫

　　第三部分是东宫门入口后的三大组主要建筑物：一是向东的仁寿殿，它是理事的大殿；二是仁寿殿北边的德和园，内中有正殿、两廊和大戏台；三是乐寿堂，在德和园之西，这是那拉氏居住的地方，堂前向南临水有石台、石阶，可以由此上下船。这些建筑拥挤繁复，像城内府第，堵塞入口，向后山和湖岸的合理路线被建筑物阻挡割裂。今天游园的人多不知有后山，进仁寿殿或德和园之后，更有迷惑在院落中的感觉，直到出了荣寿堂西门，到了长廊，才豁然开朗，见到前面的湖山。
这一部分的建筑物为全园布局上的最大弱点。

　　第四部分是南湖洲岛和西堤。岛有五处，最大的是月波楼一组，或
称龙王庙，有长桥通东堤。其他小岛非船不能达。西堤由北而南成一弧
线，分数段，上有六座桥。这些都是湖中的点缀，为北岸的远景。

天宁寺塔

　　北京广安门外的天宁寺塔，是北京城内和郊外的寺塔中完整立着的一个最古的建筑纪念物。 这个塔属于一种特殊的类型：平面作八角形，砖筑实心，外表主要分成高座、单层塔身和上面的多层密檐三部分。座是重叠的两组须弥座，每组中间有一道"束腰"，用"间柱"分成格子，每格中刻一浅龛，中有浮雕，上面用一周砖刻斗栱和栏杆，故极富于装饰性。座以上只有一单层的塔身，托在仰翻的大莲瓣上，塔身四正面有拱门，四斜面有窗，还有浮雕力神像等。塔身以上是十三层密密重叠着的瓦檐。第一层檐以上，各檐中间不露塔身，只见斗栱；檐的宽度每层缩小，逐渐向上递减，使塔的轮廓成缓和的弧线。塔顶的"刹"是佛教的象征物，本有"覆钵"和很多层"相轮"，但天宁寺塔上只有宝顶，不是一个刹，而十三层密檐本身却有了相轮的效果。

　　这种类型的塔轮廓甚美，全部稳重而挺拔。层层密檐的支出使檐上

◇ 天宁寺塔

的光和檐下的阴影构成一明一暗；重叠而上，和素面塔身起反衬作用，是最引人注意的宜于远望的处理方法。中间塔身略细，约束在檐以下、座以上，特别显得窈窕。座的轮廓也因有伸出和缩紧的部分，更美妙有趣。塔座是塔底部的重点，远望清晰伶俐；近望则见浮雕的花纹、走兽和人物，精致生动，又恰好收到最大的装饰效果。它是砖造建筑艺术中的极可宝贵的处理手法。

分析和比较祖国各时代各类型的塔，我们知道南北朝和隋的木塔的形状，但实物已不存。唐代遗物主要是砖塔，都是多层方塔，如西安的大雁塔和小雁塔。唐代虽有单层密檐塔，但平面为方形，且无须弥座和斗栱，如嵩山的永泰寺塔。中原山东等省以南、山西省以西，五代以后虽有八角塔，而非密檐，且无斗栱，如开封的"铁塔"。在江南，五代两宋虽有八角塔，却是多层塔身的，且塔身虽砖造，每层都用木造斗栱和木檩托檐，如苏州虎丘塔、罗汉院双塔等。检查天宁寺塔每一细节，我们今天可以确凿地断定它是辽代的实物，清代石碑中说它是"隋塔"是错误的。

这种单层密檐的八角塔只见于河北省和东北。最早有年月可考的都属于辽金时期（11至13世纪），如房山云居寺南塔和北塔、正定青塔、通州塔、辽阳白塔寺塔等。但明清还有这形制的塔，如北京八里庄塔。从它们分布的地域和时代看来，这类型的塔显然是契丹民族（满族祖先的一支）的劳动人民和当时移居辽区的汉族匠工们所合力创造的伟绩，是他们对于祖国建筑传统的一个重大贡献。**天宁寺塔经过这900多年的考验，仍是一座完整而美丽的纪念性建筑，它是今天北京最珍贵的艺术遗产之一。**

北京近郊的三座"金刚宝座塔"
——西直门外五塔寺塔、德胜门外西黄寺塔和香山碧云寺塔

北京西直门外五塔寺的大塔形式很特殊，它是建立在一个巨大的台子上面，由五座小塔所组成的。佛教术语称这种塔为"金刚宝座塔"。它是模仿印度佛陀伽蓝的大塔建造的。

金刚宝座塔的图样，是1413年（明永乐时期）西番班迪达来中国时带来的。永乐帝朱棣封班迪达做大国师，建立大正觉寺——五塔寺——给他住。到了1473年（明成化九年）便在寺中仿照了中印度式样，建造了这座金刚宝座塔。

清乾隆时期又仿照这个类型，建造了另外两座。一座就是现在德胜门外的西黄寺塔，另一座是香山碧云寺塔。这三座塔虽同属于一个格式，但每座各有很大变化，和中国其他的传统风格结合而成。它们具体地表现出祖国劳动人民灵活运用外来影响的能力，他们有大胆变化、不

限制于模仿的创造精神。在建筑上，这样主动地吸收外国影响和自己民族形式相结合的例子是极值得注意的。同时，介绍北京这三座塔并指出它们的显著的异同，也可以增加游览者对它们的认识和兴趣。

五塔寺在西郊公园北面约200米。**它的大台高五丈[1]，上面立五座密檐的方塔，正中一座高十三层，四角每座高十一层。**中塔的正南，阶梯出口的地方有一座两层檐的亭子，上层瓦顶是圆的。大台的最底层是个"须弥座"，座之上分五层，每层伸出小檐一周，下雕并列的佛龛，

◇ 五塔寺塔

1 今实测为17米。——出版者注

龛和龛之间刻菩萨立像。最上层是女儿墙，也就是大台的栏杆。这些上面都有雕刻，所谓"梵花、梵宝、梵字、梵像"。大台的正门有门洞，门内有阶梯藏在台身里，盘旋上去，通到台上。

这塔全部用汉白石建造，密密地布满雕刻。石里所含铁质经过500年的氧化，呈现出淡淡的橙黄的颜色，非常温润而美丽。过于繁琐的雕饰本是印度建筑的弱点，中国匠人却创造了自己的适当的处理。他们智慧地结合了祖国的手法特征，努力控制了凹凸深浅的重点。每层利用小檐的伸出和佛龛的深入，做成阴影较强烈的部分，其余全是极浅的浮雕花纹。这样便纠正了一片杂乱繁缛的感觉。

西黄寺塔，也称作"班禅喇嘛净化城塔"，建于1779年。这座塔的形式和大正觉寺塔一样，也是五座小塔立在一个大台上面。所不同的，在于这五座塔本身的形式。**它的中央一塔为西藏式的喇嘛塔（如北海的白塔），而它的四角小塔却是细高的八角五层的"经幢"，并且在平面上，四小塔的座基凸出于大台之外，南面还有一列石阶引至台上。**中央塔的各面刻有佛像、草花和凤凰等，雕刻极为细致富丽，四个幢主要一层素面刻经，上面三层刻佛龛与莲瓣。全组呈窈窕玲珑的印象。

碧云寺塔和以上两座又都不同。它的大台共有三层，底下两层是月台，各有台阶上去。最上层做法极像五塔寺塔，刻有数层佛龛，阶梯也藏在台身内。但它上面五座塔之外，南面左右还有两座小喇嘛塔，所以共有七座塔了。

这三处仿中印度式建筑的遗物，都在北京近郊风景区内。同式样的塔国内只有昆明官渡镇有一座，比五塔寺塔更早了几年。

◇ 西黄寺塔

◇
碧云寺塔

鼓楼、钟楼和什刹海

北京城在整体布局上，一切都以城中央一条南北中轴线为依据。这条中轴线以永定门为南端起点，经过正阳门、天安门、午门、前三殿、后三殿、神武门、景山、地安门一系列的建筑重点，最北就结束在鼓楼和钟楼那里。北京的钟楼和鼓楼不是东西相对，而是在南北线上一前、一后的两座高耸的建筑物。北面城墙正中不开城门，所以这条长达8公里的南北中线的北端就终止在钟楼之前。这个伟大气魄的中轴直穿城心的布局是我们祖先杰出的创造。鼓楼面向着广阔的地安门大街，地安门是它南面的"对景"，钟楼峙立在它的北面，这样3座建筑便合成一组庄严的单位，适当地作为这条中轴线的结束。

鼓楼是一座很大的建筑物，第一层雄厚的砖台，开着三个发券的门洞。上面横列五间重檐的木构殿楼，整体轮廓强调了横亘的体形。钟楼在鼓楼后面不远，是座直立耸起、全部砖石造的建筑物；下层高耸的台，每面只有一个发券门洞。台上钟亭也是每面一个发券的门。全部使人有浑雄坚实的矗立的印象。钟、鼓两楼在对比中，一横一直，形成了和谐美妙的组合。明朝初年，智慧的建筑工人和当时"打图样"的师傅们就这样朴实、大胆地创造了自己市心的立体标志，充满了中华民族特征的不平凡的风格。

◇ 鼓楼

钟、鼓楼西面俯瞰什刹海和后海。这两个"海"是和北京历史分不开的。它们和北海、中海、南海是一个系统的5个湖沼。12世纪中建造"大都"的时候，北海和中海被划入宫苑（那时还没有南海），什刹海和后海留在市区内。当时有一条水道由什刹海经现在的北河沿、南河沿、六国饭店出城通到通州，衔接到运河。江南运到的粮食便在什刹海卸货，那里船帆桅杆十分热闹，它的重要性正相同于我们今天的前门车站。到了明朝，水源发生问题，水运只到东郊，什刹海才丧失了作为交通终点的身份。尤其难得的是它外面始终没有围墙把它同城区阻隔，正合乎近代最理想的市区公园的布局。

　　海的四周本有10座佛寺，因而得到"什刹"的名称。这10座寺早已荒废。清朝末年，这里周围是茶楼、酒馆和杂耍场子等。但湖水逐渐淤塞，虽然夏季里香荷一片，而水质污秽、蚊虫滋生已威胁到人民的健康。后来人民自己的政府首先疏浚全城水道系统，将什刹海掏深，砌了石岸，使它成为一片清澈的活水，又将西侧小湖改为可容4000人的游泳池。两年来那里已成劳动人民夏天中最喜爱的地点。垂柳倒影，隔岸可遥望钟楼和鼓楼，它已真正地成为首都的风景区，并且这个风景区还正在不断地建设中。

　　在全市来说，由地安门到钟、鼓楼和什刹海是城北最好的风景区的基础。现在鼓楼上面已是人民的第一文化馆，小海已是游泳池，又紧接北海。这一个美好环境，由钟、鼓楼上远眺更为动人。不但如此，首都的风景区是以湖沼为重点的，水道的连接将成为必要。什刹海若予以发展，将来可能以金水河把它同颐和园的昆明湖结连起来。那样人们将可以在假日里从什刹海坐着小船经由美丽的西郊，直达颐和园了。

◇ 什刹海

雍和宫

北京城内东北角的雍和宫，是二百十几年来北京最大的一座喇嘛寺院。 这所寺院因为建筑的宏丽和佛像雕刻等的壮观，一向都非常著名，所以游览首都的人们时常来到这里参观。这一组庄严的大建筑群，是过去中国建筑工人以自己传统的建筑结构技术来适应喇嘛教的需要所创造的一种宗教性的建筑类型。这寺院的全部是一种符合特殊实际要求的艺术创造，在首都的文物建筑中间，它是不容忽视的一组建筑遗产。

雍和宫曾经是胤禛（清雍正）做王子时的府第。在1734年改建为喇嘛寺。

雍和宫的大布局紧凑而有秩序，全部由南北一条中轴线贯穿着。 由最南头的石牌坊起到"琉璃花门"是一条"御道"——也像一个小广场。两旁十几排向南并列的僧房就是喇嘛们的宿舍。由琉璃花门到雍和门是一个前院，这个前院有古槐的幽荫，南部左右两角立着钟楼和鼓

◇雍和宫

楼，北部左右有两座八角的重檐亭子，更北的正中就是雍和门；雍和门规模很大，才经过修缮油饰。由此北进共有三个大庭院、五座主要大殿阁。第一院正中的主要大殿称作雍和宫，它的前面中线上有碑亭一座和一个雕刻精美的铜香炉，两边配殿围绕到它后面一殿的两旁，规模极为宏壮。

全寺最值得注意的建筑物是第二院中的法轮殿，其次便是它后面的万佛楼。它们的格式都是很特殊的。**法轮殿主体是七间大殿，但它的前后又各出五间"抱厦"，使平面呈十字形。**殿的瓦顶上面凸出五个小阁，一个在正脊中间，两个在前坡的左右，两个在后坡的左右。每个小阁的瓦脊中间又立着一座喇嘛塔。由于宗教上的要求，五塔寺金刚宝座塔的形式很巧妙地这样组织到纯粹中国式的殿堂上面，成了中国建筑中的一个特殊例子。

万佛楼在法轮殿后面，是两层重檐的大阁。阁内部中间有一尊五丈多高的弥勒佛大像，穿过三层楼井，佛像头部在最上一层的屋顶底下。据说这个像的全部是由一整块檀香木雕成的。**更特殊的是万佛楼的左右另有两座两层的阁，从这两阁的上层用斜廊——所谓飞桥——和大阁相联系。**这是敦煌唐朝画中所常见的格式，今天还有这样一座存留着，是很难得的。

雍和宫最北部的绥成殿是七间，左右楼也各是七间，都是两层的楼阁。在我们的最近建设中，我们极需要参考本国传统的楼屋风格，从这一组两层建筑物中，是可以得到许多启示的。

◇飞桥

故宫

北京的故宫现在是首都的故宫博物院。故宫建筑的本身就是这博物院中最重要的历史文物。**它综合形体上的壮丽、工程上的完美和布局上的庄严秩序，成为世界上一组最优异、最辉煌的建筑纪念物。**它是我们祖国多少年来劳动人民智慧和勤劳的结晶，它有无比的历史和艺术价值。全宫由"前朝"和"内廷"两大部分组成，四周有城墙围绕，墙下是一周护城河。城四角有角楼，四面各有一门：正南是午门，门楼壮丽称五凤楼；正北称神武门；东西两门称东华门、西华门。全组统称"紫禁城"。隔河遥望，红墙、黄瓦、宫阙、角楼的任何一角都是宏伟秀丽，气象万千。

前朝正中的三大殿是宫中前部的重点，阶陛三层，结构崇伟，为建筑造型的杰作。东侧是文华殿，西侧是武英殿，这两组与太和门东西并列、左右衬托，构成三殿前部的格局。

内廷是封建皇帝和他的家族居住和办公的部分。因为是所谓皇帝起居的地方，所以借重了许多严格部署的格局和外表形式上的处理来强调这独夫的"至高无上"。因此内廷的布局仍是采用左右对称的格式，并且在部署上象征天上星宿，等等。例如内廷中间，乾清、坤宁两宫就是象征天地，中间过殿名交泰，就取"天地交泰"之义。

乾清宫前面的东西两门名日精、月华，象征日月。后面御花园中最北一座大殿——钦安殿，内中还供奉着"玄天上帝"的牌位。故宫博物院称这部分作"中路"，它也就是前王殿中轴线的延续，也是全城中轴的一段。

"中路"两旁两条长夹道的东西，各列六个宫，每三个为一路，中间有南北夹道。这十二个宫象征十二星辰。它们后部每面有五个并列的院落，称东五所、西五所，也象征众星拱辰之义。十二宫是内宫眷属"妃嫔""皇子"等的住所，和中间的"后三殿"就是紫禁城后半部的核心。现在博物院称东西六宫等为"东路"和"西路"，按日轮流开放。西六宫曾经改建，储秀和翊坤两宫之间增建一殿，成了一组。长春和太极之间也添建一殿，成为一组，格局稍变。东六宫中的延禧，曾参酌西式改建"水晶宫"而未成。

三路之外的建筑是比较不规则的。主要的有两种：一种是在中轴两侧、东西两路的南头、十二宫前面的重要宫殿。西边是养心殿一组，它正在"外朝"和"内廷"之间偏东的位置上，是封建主实际上日常起居的地方。中轴东边与它约略对称的是斋宫和奉先殿。这两组与乾清宫的关系就相当于文华、武英两殿与太和殿的关系。另一类是核心外围规模较十二宫更大的宫。这些宫是建筑给封建主的母后居住的。每组都有前殿、后寝、周围廊子、配殿、宫门等。西边有慈宁、寿康、寿安等宫。其中夹着一组佛教庙宇雨花阁，规模极大。总称为"外西路"。东边的"外东路"只有直穿南北、范围巨大的宁寿宫一组。它本是玄烨（康熙）的母亲所居，后来弘历（乾隆）将政权交给儿子，自己退老住在这里，曾增建了许多繁缛巧丽的亭园建筑，所以称为"乾隆花园"。它是故宫后部核心以外最特殊也最奢侈的一个建筑组群，且是清代日趋繁琐的宫廷趣味的代表作。

故宫后部虽然"千门万户"，建筑密集，但它们仍是有秩序的布局。中轴之外，东西两侧的建筑物也是以几条南北轴线为依据的。各轴线组成的建筑群以外的街道形成了细长的南北夹道。主要的东一长街和西一长街的南头就是通到外朝的"左内门"和"右内门"，它们是内廷和前朝联系的主要交通线。

除去这些"宫"与"殿"之外，紫禁城内还有许多服务单位如上驷院、御膳房和各种库房及值班守卫之处。但威名煊赫的"南书房"和"军机处"等宰相大臣办公的地方，实际上只是乾清门旁边的几间廊庑房舍。军机处还不如上驷院里一排马厩！封建帝王残酷地驱役劳动人民为他建造宫殿，养尊处优，享乐排场无所不至，而即使是对待他的军机大臣也仍如奴隶。这类事实可由故宫的建筑和布局反映出来。紫禁城全部建筑也就是最丰富的历史材料。

◇ 故宫

第三章

平郊建筑杂录及其他

平郊建筑杂录

原载于1932年《中国营造学社汇刊》第3卷第4期，署名梁思成、林徽因。

北平四郊近二三百年间建筑遗物极多，偶尔郊游，触目都是饶有趣味的古建。其中辽、金、元古物虽然也有，但是大部分还是明清的遗构；有的是显赫的"名胜"，有的是消沉的"痕迹"；有的按期受成群的世界游历团的赞扬，有的只偶尔受诗人们的凭吊或画家的欣赏。

这些美的所在，在建筑审美者的眼里都能引起特异的感觉，在"诗意"和"画意"之外，还使他感到一种"建筑意"的愉快。这也许是个狂妄的说法——但是，什么叫作"建筑意"？我们很可以找出一个比较近理的定义或解释来。

顽石会不会点头，我们不敢有所争辩，那问题怕要牵涉到物理学家，但经过大匠之手泽、年代之磋磨，有一些石头的确是会蕴含生气的。天然的材料经人的聪明建造，再受时间的洗礼，成美术与历史地理之和，使它不能不引起赏鉴者一种特殊的性灵的融会、神志的感触，这话或者可以算是说得通。

　　无论哪一个巍峨的古城楼，或一角倾颓的殿基的灵魂里，无形中都在诉说乃至于歌唱时间上漫不可信的变迁：由温雅的儿女佳话，到流血成渠的杀戮。它们所给的"意"的确是"诗"与"画"的。**但是建筑师要郑重地声明，那里面还有超出这"诗""画"以外的"意"存在。**眼睛在接触人的智力和生活所产生的一个结构，在光影恰恰可人中，和谐的轮廓披着风露所赐予的层层生动的色彩；潜意识里更有"眼看他起高楼，眼看他楼塌了"凭吊兴衰的感慨；偶然更发现一片——只要一片——极精致的雕纹，一位不知名匠师的手笔，请问那时锐感，即不叫它作"建筑意"，我们也得要临时给它制造个同样狂妄的名词，是不？

　　建筑审美可不能势利的。大名显赫，尤其是有乾隆御笔碑石来赞扬的，并不一定便是宝贝；不见经传，湮没在人迹罕至的乱草中间的，更不一定不是一位无名英雄。以貌取人或者不可，"以貌取建"却是个好态度。北平近郊可经人以貌取舍的古建筑实不在少数。摄影图录之后，或考证它的来历，或由村老传说中推测它的过往——可以成一个建筑师为古物打抱不平的事业和比较有意思的夏假消遣。而他的报酬便是那无穷的"建筑意"的收获。

卧佛寺的平面

　　说起受帝国主义的压迫，再没有比卧佛寺"委屈"的了。卧佛寺的住持智宽和尚前年偶同我们谈天，用"叹息痛恨于桓灵"的口气告诉我，他的先师老和尚如何如何地与青年会订了合同，以每年100元的租金，把寺的大部分租借了20年，如同胶州湾、辽东半岛的条约一样。

其实这都怪那佛一觉睡几百年不醒，到了这危难的关头，还不起来给老和尚当头棒喝，使他早早觉悟，组织个佛教青年会西山消夏团。虽未必可使佛法感化了摩登青年，至少可借以繁荣了寿安山……不错，那山叫寿安山……又何至等到今年五台山些少的补助，才能修葺开始残破的庙宇呢！

我们也不必怪老和尚，也不必怪青年会……其实还应该感谢青年会。要是没有青年会，今天有几个人会知道卧佛寺那样一个山窝子里的去处。在北方——尤其是北平——上学的人，大半都到过卧佛寺。一到夏天，各地学生们，男的、女的，谁不愿意来消消夏，爬山、游水、骑驴，多么优哉游哉。据说每年夏令会总成全了许多爱人们的心愿，想不到睡觉的释迦牟尼还能在梦中代行月下老人的职务，也真是佛法无边了。

从玉泉山到香山的马路，快近北辛村的地方，有条岔路忽然转北上坡的，正是引导你到卧佛寺的大道。寺是向南，一带山屏障似的围住寺的北面，所以寺后有一部分渐高，一直上了山脚。在最前面，迎着来人的是寺的第一道牌楼，那还在一条柏荫夹道的前头。当初这牌楼是什么模样，我们大概还能想象，前人做的事虽不一定都比我们强，但是关于这牌楼大概无论如何他们要比我们大方得多。现有的这座只说它不顺眼已算十分客气，不知哪一位和尚化来的酸缘，在破碎的基上竖了四根小柱子，上面横钉了几块板，就叫它作牌楼。这算是经济萎衰的直接表现，还是宗教力渐弱的间接表现？一时我还不能答复。

顺着两行古柏的马道上去，骤然间到了上边，才看见另外的鲜明

的一座琉璃牌楼在眼前。汉白玉的须弥座，三个汉白玉的圆门洞，黄绿琉璃的柱子，横额、斗栱、檐瓦。如果你相信一个建筑师的自言自语，"那是乾嘉间的做法"。至于《日下旧闻考》所记寺前为门的如来宝塔，却已不知去向了。

琉璃牌楼之内有一道白石桥，由半月形的小池上过去。池的北面和桥的旁边，都有精致的石栏杆，现在只余北面一半，南面的已改成洋灰抹砖栏杆。这池据说是"放生池"，里面的鱼都是"放"的。佛寺前的池本是佛寺的一部分，用不着我们小题大做地讲。但是池上有桥，现在虽处处可见，但它的来由却不见得十分古远。在许多寺池上，没有桥的却较占多数。至于池的半月形，也是个较近的做法，古代的池大半都是方的。池的用途多是放生、养鱼。但是刘士能先生告诉我们说南京附近有一处律宗的寺，利用山中溪水为月牙池，和尚们每斋都跪在池边吃，风雪无阻，吃完在池中洗碗。幸而卧佛寺的和尚们并不如律宗的苦行，不然放生池不唯不能放生，怕还要变成脏水坑了。

◇ 卧佛寺琉璃牌楼

与桥正相对的是山门。山门之外，左右两旁，是钟鼓楼，从前已很破烂，今年忽然大大地修整起来。连角梁下失去的铜铎也用21号的白铅铁焊上，油上红绿颜色，如同东安市场的国货玩具一样鲜明。

山门平时是不开的，走路的人都从山门旁边的门道出入。入门之后，迎面是一座天王殿，里面供的是四天王——就是四大金刚——东西梢间各两位对面侍立，明间面南的是光肚笑嘻嘻的阿弥陀佛，面北合十站着的是韦驮。

再进去是正殿，前面是月台，月台上（在秋收的时候）铺着金黄色的老玉米，像是专替旧殿着色。正殿五间，供三位喇嘛式的佛像。据说正殿本来也有卧佛一躯，雍正还看见过，是旃檀佛像，唐太宗贞观年间的东西。但是到了乾隆年间，这位佛大概睡醒了，不知何时上哪儿去了。只剩了后殿那一位，一直睡到如今，还没有醒。

从前面牌楼一直到后殿，都是建立在一条中线上的。这个在寺的平面上并不算稀奇，罕异的却是由山门之左右，有游廊向东西，再折而向北，其间虽有方丈客室和正殿的东西配殿，但是一气连接，直到最后面又折而东西，回到后殿左右。这一周的廊，东西（连山门或后殿算上）十九间，南北（连方丈配殿算上）四十间，成一个大长方形。中间虽立着天王殿和正殿，却不像普通的庙殿，将全寺用"四合头"式前后分成几进，这是少有的。在这点上，本刊（《中国营造学社汇刊》）上期刘士能先生在智化寺调查记中说："唐宋以来有伽蓝七堂之称。唯各宗略有异同，而同在一宗，复因地域环境，互有增省……"现在卧佛寺中院，除去最后的后殿外，前面各堂为数适七，虽不敢说这是七堂之例，但可借此略窥制度耳。

这种平面布置，在唐宋时期很是平常，敦煌画壁里的伽蓝都是如此布置，在日本各地也有飞鸟、平安时代这种的遗例。在北平一带（别处如何未得详究），却只剩这一处唐式平面了。所以人人熟识的卧佛寺，经过许多人用帆布床"卧"过的卧佛寺游廊，是还有一点新的理由值得游人将来重加注意的。

卧佛寺各部殿宇的立面（外观）和断面（内部结构）却都是清式中极规矩的结构，用不着细讲。至于殿前伟丽的娑罗宝树和树下消夏的青年们所给予你的是什么复杂的感觉，那是各人的人生观问题，建筑师可以不必参加意见。事实极明显的，如东院几进宜于消夏乘凉，西院的观音堂总有人租住，堂前的方池——旧籍中无数记录的方池——现在已成了游泳池，更不必赘述或加任何的注解。

"凝神映性"的池水，用来作锻炼身体之用，在青年会道德观之下，自成道理——没有康健的身体，焉能有康健的精神？——或许！或许！但怕池中的微生物杂菌不甚懂事。

池的四周原有精美的白石栏杆，已拆下叠成台阶，做游人下池的路。不知趣的、容易伤感的建筑师，看了又一阵心酸。其实这不算稀奇，中世纪的教皇们不是把古罗马时代的庙宇当石矿用，采取那石头去修"上帝的房子"吗？这台阶——栏杆——或也不过是将原来离经叛道"崇拜偶像者"的迷信废物，拿去为上帝人道尽义务。"保存古物"，在许多人听去当是一句迂腐的废话。"这年头！这年头！"每个时代都有些人在没奈何时，喊着这句话出出气。

西院（略）

东院（略）

后殿

正殿

夹道

夹道

西配殿

东配殿

天王殿

方丈

客堂

山门

50

鼓楼

钟楼

桥

约略比例尺

放生

池

0

5

10

公尺

牌楼

马道

卧佛寺中院平面略写图

法海寺门与原先的居庸关[1]

法海寺在香山之南，香山通八大处马路的西边不远。一个很小的山寺，谁也不会上那里去游览的。寺的本身在山坡上，寺门却在寺前一里多远的山坡底下。坐汽车走过那一带的人，怕绝对不会看见法海寺门一类无关轻重的东西的。骑驴或走路的人也很难得注意到在山谷碎石堆里那一点小建筑物。尤其是由远处看，它的颜色和背景非常相似。因此看见过法海寺门的人我敢相信一定不多。

特别留意到这寺门的人却必定有。因为这寺门的形式与寻常的极不相同：**有圆拱门洞的城楼模样，上边却顶着一座喇嘛式的塔——一个缩小的北海白塔。这奇特的形式不是中国建筑里所常见。**

这圆拱门洞是石砌的。东面门额上题着"敕赐法海禅寺"，旁边陪着一行"顺治十七年夏月吉日"的小字。西面额上题着三种文字，其中看得懂的中文是"唵巴得摩乌室尼渴华麻列吽登吒"，其他两种或是满、蒙各占其一个。走路到这门下，疲乏之余，读完这一行题字也就觉得轻松许多！

门洞里还有隐约的画壁，顶上一部分居然还勉强剩出一点颜色来。由门洞西望，不远便是一座石桥，微拱地架过一道山沟，接着一条山道直通到山坡上寺的本身。

门上那座塔的平面略似十字形而较复杂。立面分多层，中间束腰石色较白，刻着生猛的浮雕狮子。在束腰上枋以上，各层重叠像阶级，每级每面有三尊佛像。每尊佛像带着背光，成一浮雕薄片，周围有极精

---

1 这里的居庸关指的是居庸关云台，为一座元代过街塔的塔座。——出版者注

致的琉璃边框。像脸不带色釉，眉目口鼻均伶俐秀美，全脸大不及寸余。座上便是塔的圆肚，塔肚四面四个浅龛，中间坐着浮雕造像，刻工甚俊。龛边亦有细刻。更上是相轮（或称刹），刹座刻作莲瓣，外廓微作盆形，底下还有小方十字座。最顶尖上有仰月的教徽。仰月徽去夏还完好，今秋已掉下。据乡人说是八月间大风雨吹掉的，这塔的破坏于是又进了一步。

这座小小带塔的寺门[1]，除门洞上面一围砖栏杆外，完全是石造的。这在中国又是个少有的例。现在塔座上斜长着一棵古劲的柏树，为塔门增了不少的苍姿，更像是做它的年代的保证。为塔门保存计，这种古树似要移去的。怜惜古建的人到了这里真是彷徨不知所措。好在在古物保存如许不周到的中国，这忧虑未免神经过敏！

法海寺门特点却并不在上述诸点，石造及其年代，等等，**主要的却是它的式样与原先的居庸关相类似。**从前居庸关上本有一座塔的，但因倾颓已久，无从考其形状。不想在平郊竟有这样一个发现。虽然在《日下旧闻考》里法海寺只占了两行不重要的位置，一句轻淡的"门上有小塔"，在研究居庸关原状的立脚点看来，却要算个重要的材料了。

◇ 带塔的寺门

---

1 现今寺门尚在，塔已损毁。——出版者注

杏子口的三个石佛龛

由八大处向香山走，出来不过三四里，马路便由一处山口里开过。在山口路转第一个大弯，向下直趋的地方，马路旁边微偻的山坡上，有两座小小的石亭。其实也无所谓石亭，简直就是两座小石佛龛。两座石龛的大小稍稍不同，而它们的背面却同是不客气地向着马路。因为它们的前面全是向南，朝着另一个山口——那原来的杏子口。

在没有马路的时代，这地方才不愧称作山口。在深入三四十尺的山沟中，一道唯一的蜿蜒险狭的出路；两旁对峙着两堆山，一出口则豁然开朗一片平原田壤，海似的平铺着，远处浮出同孤岛一般的玉泉山，托住山塔。这杏子口的确有小规模的"一夫当关，万夫莫开"的特异形势。两石佛龛既据住北坡的顶上，对面南坡上也立着一座北向的、相似的石龛，朝着这山口。由石峡底下的杏子口往上看，这三座石龛分峙两崖，虽然很小，却顶着一种超然的庄严，镶在碧澄澄的天空里，给辛苦的行人一种神异的快感和美感。

现时的马路是在北坡两龛背后绕着过去，直趋下山。因其逼近两龛，所以驰车过此地的人绝对要看到这两个特别的石亭子的。但是同时因为这山路危趋的形势，无论是由香山西行，还是从八大处东去，谁都不愿冒险停住快驶的汽车去细看这么几个石佛龛子。于是多数的过路车客全都遏制住好奇爱古的心，冲过去便算了。

假若作者是个细看过这石龛的人，那是因为他是例外，遏制不住他的好奇爱古的心，在冲过去便算了不知多少次以后发誓要停下来看一次的。那一次也就不算过路，却是带着照相机去专程拜谒；且将车驶过那危险的山路停下，又步行到龛前后去瞻仰丰采的。

在龛前，高高地往下望着那刻着几百年车辙的杏子口石路，看一个小泥人大小的农人挑着担过去，又一个戴朵鬓花的老婆子夹着黄色包袱，弯着背慢慢地蹀过来，才能明白这三座石龛本来的使命。如果这石龛能够说话，它们或不能告诉得完它们所看过经过杏子口底下的图画——那时一串骆驼正在一个跟着一个地，穿出杏子口转下一个斜坡。

北坡上这两座佛龛是并立在一个小台基上，它们的结构都是由几片青石片合成——每面墙是一整片，南面有门洞，屋顶每层檐一片。西边那座龛较大，平面约1米余见方，高约2米。重檐，上层檐四角微微翘起，值得注意。东面墙上有历代的刻字、跑着的马、人脸的正面，等等。其中有几个年月人名，较古的有"承安五年四月廿三日到此"和"至元九年六月十五日□□□贾智记"。承安是金章宗年号，五年是公元1200年。至元九年是元世祖的年号，元顺帝的至元到六年就改元了，所以是公元1272年。**这小小的佛龛至迟也是金代遗物，居然在杏子口受了七百多年以上的风雨，依然存在。**当时巍然顶在杏子口北崖上的神气，现在被煞风景的马路贬到盘坐路旁的谦抑，但它们的老资格却并不因此减损，那种倚老卖老的倔强差不多是傲慢冥顽了。西面墙上有古拙的画——佛像和马——那佛像的样子骤看竟像美洲土人的Totem-Pole（图腾柱）。

龛内有一尊无头趺坐的佛像，虽像身已裂，但是流丽的衣褶纹还有"南宋期"的遗风。

台基上东边的一座较小，只有单檐，墙上也没字画。龛内有小小无头像一躯，大概是清代补作的。这两座都有苍绿的颜色。

台基前面有宽2米、长4米余的月台，上面的面积勉强可以叩拜佛像。

南崖上只有一座佛龛，大小与北崖上小的那座一样。三面做墙的石片，已成纯厚的深黄色，像纯美的烟叶。西面刻着双钩的"南"字，南面"无"字，东面"佛"字，都是径约8分米。北面开门，里面的佛像已经丢失了。

这三座小龛虽不能说是真正的建筑遗物，也可以说是与建筑有关的小品。不止诗意画意都很充足，"建筑意"更是丰富，实在值得停车一览。至于走下山坡到原来的杏子口里往上真真瞻仰这三龛本来庄严峻立的形势，更是值得。

关于北平掌故的书里，还未曾发现关于这三座石佛龛的记载。好在对于它们年代的审定，因有墙上的刻字，已没有什么难题。所可惜的是它们渺茫的历史无从参考出来，为我们的研究增些趣味。

◇ 杏子口南崖石佛龛

平郊建筑杂录（续）

原载于1935年《中国营造学社汇刊》第5卷第4期，署名梁思成、林徽因。

由天宁寺谈到建筑年代之鉴别问题

一年来，我们在内地各处跑了些路，反倒和北平生疏了许多，近郊虽近，在我们心里却像远了一些，北平广安门外天宁寺塔的研究的初稿竟然原封未动，许多地方竟未再去图影实测，一年半前所关怀的平郊胜迹，那许多美丽的塔影、城角、小楼、残碣于是全都淡淡地、委屈地在角落里初稿中尽睡着下去。

我们想国内爱好美术古迹的人日渐增加，爱慕北平名胜者更是不知凡几，或许对于如何鉴别一个建筑物的年代也常有人感兴趣，我们这篇讨论天宁寺塔的文字或可供研究者参考。

关于天宁寺塔建造的年代，据一般人的传说及康熙、乾隆的碑记，多不负责地指为隋建，但依塔的式样来做实物的比较，将全塔上下各部逐件指点出来，与各时代其他砖塔对比，再由多面引证反证所有关于这塔的文献，**谁也可以明白这塔之绝对不能是隋代原物。**

国内隋唐遗建，纯木者尚未得见，砖石者亦大罕贵，但因其为佛教全盛时期，常留大规模的图画雕刻散迹于各处，如敦煌、云岗、龙门等，其艺术作风、建筑规模或花纹手法，则又为研究美术者所熟审。宋辽以后遗物虽有不载朝代年月的，可考者终是较多，且同时代、同式样、同一作风的遗物亦较繁伙，互相印证比较容易。故前人泥于可疑的文献，相传某物为某代原物的，今日均不难以实物比较方法，用科学考据态度，重新探讨，辩证其确实时代。这本为今日治史及考古者最重要亦最有趣的工作。

我们的《平郊建筑杂录》，本预定不录无自己图影或测绘的古迹，且均附游记，但是这次不得不例外。原因是《艺术周刊》已预告我们的文章一篇，一时因图片关系交不了卷，近日这天宁寺又尽在我们心里欠伸活动，再也不肯在稿件中间继续睡眠状态，所以决意不待细测全塔，先将对天宁寺简略的考证及鉴定提早写出，聊作我们对于鉴别建筑年代方法程序的意见，以供同好者的参考。希望各处专家、读者给以指正。

广安门外的天宁寺塔是属于那种特殊形式，研究塔者常直称其为"天宁式"的，因为此类塔散见于北方各地，自成一派，天宁则又是其中规模最大者。**此塔不仅是北平近郊古建遗迹之一，且是历来传说中颇多认为隋朝建造的实物，但其塔型显然为辽金最普通的式样，细部手法亦均未出宋辽规制范围。**关于塔之文献方面材料又全属于可疑一类，直至清代碑记，及《冷然志》《顺天府志》等，始以坚确口气直称其为隋建。传说塔最上一层南面有碑，关于其建造年代，将来或可在这碑上找到最确实的明证，今姑分文献材料及实物作风两方面而讨论之。讨论之前，先略述今塔的形状如下。

简略地说，塔的平面为八角形，立面显著地分三部：（一）繁复之塔座；（二）较塔座略细之第一层塔身；（三）以上十二层支出的密檐。全塔砖造高57.8米，合国尺十七丈有奇。

塔建于一方形大平台之上，平台之上始立八角形塔座。座甚高，最下一部为须弥座，其"束腰"有"壸门"花饰，转角有浮雕像。此上又有镂刻着壸门浮雕之束腰一道。最上一部为勾栏斗栱俱全之"平坐"一围，栏上承三层仰翻莲瓣。

纤细的第一层塔身立于仰莲座之上，其高度几等于整个塔座，四面有拱门及浮雕像，其他四面又各有直棂窗及浮雕像。此段塔身与其上十三层密檐是划然成塔座以上的两个不同部分。十三层密檐中最下一层是属于这第一层塔身的，出檐稍远，檐下斗栱亦与上层稍稍不同。

上部十二层，每层仅有出檐及斗栱，各层重叠不露塔身。宽度则每层向上递减，递减率且向上增加，使塔外廓作缓和之"卷杀"。

塔各层出檐不远，檐下均施"双抄斗栱"。塔的转角为立柱，故其主要的"柱头铺作"，亦即为其"转角铺作"。在上十二层两转角间均用"补间铺作"两朵。唯有第一层只用补间铺作一朵。第一层斗栱与上各层做法不同之处在转角及补间均加用"斜栱"一道。

塔顶无刹，用两层八角仰莲上托小须弥座，座承宝珠。塔纯为砖造，内心并无梯级可登。

历来关于天宁寺的文献，《日下旧闻考》中殆已搜集无遗，共计集有《神州塔传》《续高僧传》《广弘明集》《帝京景物略》《长安客话》《析津日记》《隩志》《艮斋笔记》《明典汇》《冷然志》，及其他关于这塔的记载，以及乾隆重修天宁寺碑文及各处许多的题诗（唯康熙天宁寺《礼塔碑记》并未在内）。所收材料虽多，但关于现存砖塔建造的年代，则除却年代最后的那个乾隆碑之外，综前代的文献中无一句有确实性的明文记载。

不过，《顺天府志》将《日下旧闻考》所集的各种记述，竟然自由草率地综合起来，以确定的语气说"寺为元魏所造，隋为宏业，唐为天王，金为大万安，寺当元末兵火荡尽，明初重修，宣德改曰天宁，正统更名广善戒坛，后复今名……寺内隋塔高二十七丈五尺五寸……"等。

按《日下旧闻考》中诸文多重复抄袭及迷信传述，有朝代年月及实物之记载的，有下列重要的几段。

一、《神州塔传》："隋仁寿间幽州宏业寺建塔藏舍利。"此书在文献中年代大概最早，但传中并未有丝毫关于塔身形状、材料、位置之记述，故此段建塔的记载与现存砖塔的关系完全是疑问的。仁寿间宏业寺建塔，藏舍利，并不见得就是今天立着的天宁寺塔，这是很明显的。

二、《续高僧传》："仁寿下敕召送舍利于幽州宏业寺，即元魏孝文之所造，旧号光林……自开皇末，舍利到前，山恒倾摇……及安塔竟，山动自息。……"

《续高僧传》，唐时书，亦为集中早代文献之一。按此在隋开皇中"安塔"，但其关系与今塔如何则仍然是有疑问的。

三、《广弘明集》："仁寿二年分布舍利五十一州，建立灵塔。幽州表云，三月二十六日，于宏业寺安置舍利……"

这段仅记安置舍利的年月，也是与上两项一样的，与今塔（即现存的建筑物）并无确实关系。

四、《帝京景物略》："隋文帝遇阿罗汉授舍利一囊……乃以七宝函致雍岐等十三州建一塔，天宁寺其一也，塔高十三寻，四周缀铎万计……塔前一幢，书体遒美，开皇中立。"

这是一部明末的书，距隋已隔许多朝代。在这里我们第一次见到隋文帝建塔藏舍利的历史与天宁寺塔串在一起的记载。据文中所述高十三寻缀铎的塔颇似今存之塔，但这高十三寻缀铎的塔是否即隋文帝所建，则仍无根据。

此书行世在明末，由隋至明这千年之间，除唐以外，辽、金、元对此塔既无记载，隋文帝之塔本可几经建造而不为此明末作者所识。且六朝及早唐之塔，据我们所知道的，如《洛阳伽蓝记》所述之"胡太后塔"及日本现存之京都法隆寺塔，均是木构。我们所见的邓州大兴国寺，仁寿二年的舍利宝塔下铭，铭石为圆形，亦像是埋在木塔之"塔心柱"下那块圆础下层石，这使我们疑心仁寿分布诸州之舍利塔均为隋时最普遍之木塔。这明末作者并不及见那木构原物，所谓十三缀铎的塔倒是今日的砖塔。至于开皇石幢，据《析津日记》（亦明代书）所载，则早已失所在。

五、《析津日记》："寺在元魏为光林，在隋为宏业，在唐为天王，在金为大万安，宣德修之曰天宁，正统中修之曰万寿，戒坛，名凡数易。访其碑记，开皇石幢已失所在，即金元旧碣亦无片石矣。盖此寺本名宏业，而王元美谓幽州无宏业，刘同人谓天宁之先不为宏业，皆考之不审也。"

《析津日记》与《帝京景物略》同为明书，但其所载"天宁之先不为宏业"及"考之不审也"，这种疑问态度与《帝京景物略》之武断恰恰相反，且作者"访其碑记"要寻"金元旧碣"，对于考据之慎重亦与《帝京景物略》不同，这个记载实在值得注意。

六、至于《隩志》，不知明代何时书，似乎较以上两书稍早。文中："天王寺之更名天宁也，宣德十年事也；今塔下有碑勒更名敕，碑阴则正统十年刊行藏经敕也。碑后有尊胜陀罗尼石幢，辽重熙十七年五月立。"

此段记载，性质确实之外，还有个可注意之点，即辽重熙年号及刻有此年号之实物，在此轻轻提到，至少可以证明两桩事：（一）辽代对于此塔亦有过建设或增益；（二）此段历史完全不见记载，乃至于完全失传。

七、《长安客话》："寺当元末兵火荡尽，文皇在潜邸，命所司重修。姚广孝曾居焉。宣德间敕更今名。"这段所记"寺当元末兵火荡尽"，因下文重修及"姚广孝曾居焉"等语气，似乎所述仅限于寺院，不及于塔。如果塔亦荡尽，文皇（成祖）重修时岂不还要重建塔？如果真的文皇曾重建个大塔，则作者对于此事当不止用"命所司重修"一句。且《长安客话》距元末至少已200年，兵火之后的光景那作者并不甚了了，他的注意处在夸扬文皇在潜邸重修的事耳。但事实如何，单借文献实在无法下断语。

八、至于《冷然志》，书的时代既晚，长篇的描写对于塔的神话式来源又已取坚信态度，更不足凭信。不过这里认塔前有开皇幢，或为辽重熙幢之误，可注意。

关于天宁寺的文献，完全限于此种疑问式的短段记载。至于康熙、乾隆长篇的碑文，虽然说得天花乱坠，对于天宁寺过去的历史似乎非常明白，毫无疑问之处，但其所根据也只是限于我们今日所知道的一把疑云般的不完全的文献材料，其确实性根本不能成立。且综以上文献看来，唐以后关于塔只有明末清初的记载，中间要紧的各朝代经过，除辽重熙立过石幢、金大定易名大万安禅寺外，并无一点记述，今塔的真实历史在文献上可以说并无把握。

文献资料既如上述的不完全、不可靠，我们唯有在形式上鉴定其年代。这种鉴别法完全赖于观察及比较工作所得的经验，如同鉴定字画、金石、陶瓷的年代及真伪一样，虽有许多为绝对的，且可以用文字笔墨形容之点，也有一些是较难，乃至不能言传的，只好等观者由经验去意会。

其可以言传之点，我们可以分作两大类去观察：（一）整个建筑物之形式，也可以说是图案之概念；（二）建筑各部之手法或作风。

关于图案概念一点，我们可以分作平面（Plan）及立面（Elevation）讨论。唐以前的塔，我们所知道的，平面差不多全作正方形。实物如西安大雁塔、小雁塔、玄奘塔，香积寺塔，嵩山永泰寺塔及房山云居寺四个小石塔……河南、山东无数唐代或以前高僧墓塔，如山东神通寺四门塔、灵岩寺法定塔、嵩山少林寺法玩塔，等等。刻绘如云冈、龙门石刻，敦煌壁画，等等，平面都是作正方形的。我们所知的唯一的例外，在唐以前的唯有嵩山嵩岳寺塔，平面作十二角形，这十二角形平面不唯在唐以前是例外，就是在唐以后也没有第二个，所以它是个例外之最特殊者，是中国建筑史中之独例。除此以外，则直到中唐或晚唐，方有非正方形平面的八角形塔出现，这个罕贵的遗物即嵩山会善寺净藏禅师塔。按禅师于天宝五年圆寂，这塔的兴建绝不会在这年以前，这塔短稳古拙，亦是孤例，而比这塔还古的八角形平面塔，除去天宁寺——假设它是隋建的话——别处还未得见过。在我们今日，觉得塔的平面或作方形，或作多角形，没甚奇特。但是一个时代的作者大多数跳不出他本时代盛行的作风或规律以外的——建筑物尤甚——所以生在塔平面作方形的时代，能做出一个平面不作方形的塔来，是极罕有的事。

至于立面方面，我们请先看塔全个的轮廓及这轮廓之所以形成。天宁寺的塔是在一个基坛之上立须弥座，须弥座上立极高的第一层，第一层以上有多层密而扁的檐的。这种第一层高、以上多层扁矮的塔，最古的例当然是那十二角形嵩山嵩岳寺塔，但除它而外，是须到唐开元以后才见有那类似的做法，如房山云居寺四小石塔。在初唐期间，砖塔的做法多如大雁塔一类各层均等递减的。但是我们须注意，唐以前的这类上段多层密檐塔，不唯是平面全作方形，而且第一层之下无须弥座等雕饰，且上层各檐是用砖层层垒出，不施斗栱，其所呈的外表完全是两样的。

由平面及轮廓看来，已略可证明天宁寺塔为隋代所建之绝不可能，因为唐以前的建筑师就根本没有这种塔的观念。

至于建筑各部的手法作风，则更可以辅助着图案概念方面不足的证据，而且往往更可靠，更易于鉴别。我们不妨详细将这塔的每个部分提出审察。

建筑各部构材在中国建筑中占位置最重要的，莫过于斗栱。斗栱演变的沿革，差不多就可以说是中国建筑结构法演变史。在看多了的人，差不多只需一看斗栱，对一座建筑物的年代便有七八分把握。**砖塔、石塔之用斗栱，据我们所知道的，是由简而繁。**最古的例如北周神通寺四门塔及东魏嵩岳寺十二角十五层塔，都没有斗栱。次古的如西安大雁塔及香积寺砖塔，皆属初唐物，只用斗而无栱。与之略同时或略后者如西安兴教寺玄奘塔则用简单的一斗三升交蚂蚱头在柱头上。直至会善寺净藏塔，我们始得见简单人字栱的补间铺作。神通寺龙虎塔建于唐末，只用双抄偷心华栱。真正用砖石来完全模仿成朵复杂的斗栱的，至五代宋初始见，其中如我们所见许多的"天宁式"塔。此中年代确实的有辽天庆七年的房山云居寺南塔、金大定二十五年的正定临济寺青塔，还有蓟县白塔、正定清塔，等等。在那时候还有许多砖塔的斗栱是木质的，如杭州雷峰塔、保俶塔、六和塔，等等。

天宁寺塔的斗栱，最下层平坐，用华栱两跳偷心，补间铺作多至三朵。主要的第一层，斗栱出两跳华栱，角柱上的转角铺作，在大斗之旁有附角斗，补间铺作一朵，用45度斜栱。这两个特点都与大同善化寺金代的三圣殿相同。第二层以上，则每面用补间铺作两朵；补间铺作之繁重，亦与转角铺作相埒，都是出华栱两跳，第二跳偷心的。就我们所知，唐以前的建筑不唯没有用补间铺作两朵的，而且虽用一朵，亦只极简单，纯处于辅材的地位的直斗或人字栱等而已。就斗栱看来，这塔是绝对不能早过辽宋时期的。

承托斗栱的柱额亦极清楚地表示它的年代。我们只需一看年代确定的唐塔或六朝塔，凡是用倚柱（Engaged Column）的，如嵩岳寺塔、玄奘塔、净藏塔，都用八角形（或六角？）柱，虽然有一两个用扁柱（Pilaster）的，如大雁塔，却是显然不模仿圆或角柱形。圆形倚柱之用在砖塔，唐以前虽然不能定其必没有，而唐以后始盛行。天宁寺塔的柱是圆的。这圆柱之上有额枋，额枋在角柱上出头处，斫齐如辽建中所常见，蓟县独乐寺、大同下华岩寺都有如此的做法。额枋上的普拍枋，更令人疑它年代之不能很古，因为唐以前的建筑十之八九不用普拍枋，上文所举之许多例率皆如此。但自宋辽以后，普拍枋已占了重要位置。这额枋与普拍枋虽非绝对证据，但亦表示结构是辽金以后而又早于元时的极高可能性。

在天宁寺塔的四正面有圆拱门，四隅面有直棂窗。这诚然都是古制，尤其直棂窗，那是宋以后所少用。但是圆门券上不用火焰形券饰，与大多数唐代及以前佛教遗物异其趣旨。虽然其上浮雕璎珞宝盖略作火焰形，疑原物或照古制，为重修时所改。至于门扇上的菱花格棂，则尤非宋以前所曾见，唐五代砖石各塔的门及敦煌画壁中我们所见的都是钉门钉的板门。

栏杆的做法又予我们以一个更狭的年代范围。现在常见的明清栏杆，都是每两栏板之间立一望柱的。宋元以前，只在每面转角处立望柱而"寻杖"特长。天宁寺塔便是如此，这可以证明它是明代以前的形制。这种的栏杆均用斗子蜀柱。分隔各栏板，不用明清式的荷叶墩。我们所知道的辽金塔，斗子蜀柱都作得非常清楚，但这塔已将原形失去，斗子与柱之间只马马虎虎地用两道线条表示，想是后世重修时所改。至于栏板上的几何形花纹，已不用六朝隋唐所必用的特种"卍"字纹，而代以较复杂者。与蓟县独乐寺观音阁内栏板及大同华岩寺壁藏上栏板相同。凡此种种莫不倾向着辽金原形，而又经明清重修的表示。

平坐斗栱之下，更有间柱及壶门。间柱的位置与斗栱不相对，其上力神像当在下文讨论。壶门的形式及其起线，软弱柔圆，不必说没有丝毫六朝刚强的劲儿，就是与我们所习见的宋代扁桃式壶门也还比不上其健稳。我们的推论也以为是明清重修的结果。

至于承托这整个塔的须弥座，则上枋之下用枭混（Cyma Recta），而我们所见过的须弥座，自云冈龙门以至辽宋遗物，无一不是层层方角叠出，间或用45度斜角线者。枭混之用最早也过不了五代末期，若说到隋，那更是绝不可能的事。

关于雕刻，在第一主层上夹门立天王，夹窗立菩萨，窗上有飞天，不必"从事美术十余年"，只要将中国历代雕刻遗物略看一遍，便可定其大略的年代。由北魏到隋唐的佛像飞天，到宋辽塑像画壁，到元明清塑刻，刀法笔意及布局姿势莫不清清楚楚地可以顺着源流鉴别的。若必欲与隋唐的比较，则山东青州云门山、山西天龙山、河南龙门都有不少的石刻。这些相距千里的约略同时的遗作，都有几个或许多个共同之点，而绝非天宁寺塔像所有。近来有人竟说塔中造像含有犍陀罗风，其实隋代石刻虽在中国佛教美术中算是较早期的作品，但已将南北朝时所含的犍陀罗风味摆脱得一干二净，而自成一种淳朴古拙的气息。若在天宁寺塔上看出犍陀罗作风来，岂不是"白昼见鬼"了吗？

至于平坐以下的力神、狮子和垫栱板上的卷草西番莲一类的花纹，就想勉强说它是辽金的作品，还不甚够资格，恐怕仍是经过明清照原样修补的，哪里来的唐人作风？虽然各像衣褶仍较清全盛时单纯静美，无后代繁缛云朵及俗气逼人的飘带，但窗棂上部之飞仙已类似后来常见之童子，与隋唐那些脱尽人间烟火气的飞天岂能混作一谈？

综上所述，我们可以断定天宁寺塔绝对不是隋宏业寺的原塔。而在

◇ 天宁寺塔

年代确定的砖塔中，有房山云居寺辽代南塔与之最相似。此外确为辽金而年代未经记明的塔如云居寺北塔、通州塔及辽宁境内许多的砖塔，式样手法都与之相仿。正定临济寺金大定二十五年的青塔也与之相似，但较之稍清秀。

与之采同式而年代较后者有安阳天宁寺八角五层砖塔，虽无正确的文献纪其年代，但是各部作风纯是元代法式。

北平八里庄慈寿寺塔建于明万历四年，据说是照天宁寺塔建筑的，但是细查其各部，则斗栱、檐椽、额枋、普拍枋（清称平板枋）、券门、券窗、格棂、如意头、莲瓣栏杆（望柱极密）、平坐枭混、圭脚——由顶至踵，无一不是明清官式则例。

所以天宁寺塔之年代，在这许多类似砖塔中比较起来，我们暂时假定它与云居寺南塔时代约略相同，是辽末（12世纪初期）的作品，较之细瘦之通州塔及正定临济寺青塔早，而其细部或有极晚之重修。在未得到文献方面更确实证据之前，我们的鉴定只能如此了。

我们希望"从事美术"的同志们对于史料之选择及鉴别，须十分慎重，对于实物制度作风之认识尤绝不可少，单凭一座乾隆碑追述往事，便认为确实史料，则未免太不认真。以前的皇帝、考古家尽可以自由浪漫地记述，在民国二十四年以后一个老百姓、美术家说句话都得负得起责任的，除非我们根本放弃做现代国家的国民的权利。

最后我们要向天宁寺塔赔罪，因为急于辩证它的建造年代，我们竟不及提到塔之现状，其美丽处，如其隆重的权衡、淳和的色斑，及其他细部上许多意外的美点，不过无论如何天宁寺塔也绝不会因其建造时代之被证实，而减损其本身任何的价值的。喜欢写生者只要不以隋代古建唐人作风目之，此塔则仍是可写生的极好题材。

谈北京的几个文物建筑

北京是中国——乃至全世界——文物建筑最多的城市。城中极多的建筑物或是充满了历史意义，或具有高度艺术价值。现在全国人民都热爱自己的首都，而这些文物建筑又是这首都可爱的内容之一，人人对它们有浓厚的兴趣，渴望多认识、多了解它们，自是意中的事。

北京的文物建筑实在是太多了，其中许多著名而已为一般人所熟悉的，这里不谈；现在我仅就一些著名而比较不受人注意的，和平时不著名而有特殊历史和艺术价值的提出来介绍，以引起人们对首都许多文物更大的兴趣。

还有一个事实值得我们注意的，我也要在此附笔告诉大家。那就是：丰富的北京历代文物建筑竟是从来没有经过专家或学术团体做过有系统的全面调查研究；现在北京的文物还如同荒山丛林一样等待我们去开发。关于许许多多文物建筑和园林名胜的历史沿革、实测图说和照片、模型等可靠资料都极端缺乏。

在这种调查研究工作还不能有效地展开之前，我们所能知道的北京资料是极端散漫而不足的，我不但限于资料，也还限于自己知识的不足，所以所能介绍的文物仅是一鳞半爪，希望抛砖引玉，借此促进熟悉北京的许多人们将他们所知道的也写出来——大家来互相补充彼此对北京的认识。

天安门前广场和千步廊的制度

北京的天安门广场，这个现在中国人民最重要的广场，在前此数百年中，主要只供封建帝王一年一度祭天时出入之用。1919年五四运动爆发，中国人民革命由这里开始，这才使这广场成了政治斗争中人民集中的地点。到了30年后的10月1日，中国人民伟大英明的领袖毛泽东主席在天安门城楼上向全世界昭告中华人民共和国的成立，这个广场才成了我们首都最富于意义的地点。天安门已象征着我们中华人民共和国，成为国徽中的主题，在五星下放出照耀全世界的光芒，更是全国人民所热爱的标志，永在人们眼前和心中了。

这样人人所熟悉、人人所尊敬热爱的天安门广场本来无须再来介绍，但当我们提到它体型风格这方面和它形成的来历时，还有一些我们可以亲切地谈谈的。我们叙述它的过去，也可以讨论它的将来各种增建修整的方向。

这个广场的平面是作丁字形的。"丁"横画中间，北面就是那楼台峤峙规模宏壮的天安门。楼是一横列九开间的大殿，上面是两层檐的黄琉璃瓦顶，檐下丹楹藻绘，这是典型的、秀丽而兼严肃的中国大建筑

物的体型。上层瓦坡是用所谓"歇山造"的格式。这就是说它左右两面的瓦坡，上半截用垂直的"悬山"，下半截才用斜坡，和前后的瓦坡在斜脊处会合。这个做法同太和殿的前后左右四个斜坡的"庑殿顶"或称"四阿顶"是不相同的。"庑殿顶"气魄较雄宏，"歇山顶"则较挺秀，姿势错落有致些。天安门楼台本身壮硕高大，朴实无华，中间五洞门，本有金钉朱门，近年来常年洞开，通入宫城内端门的前庭。

广场"丁"字横画的左右两端有两座砖筑的东西长安门[1]。每座有三个券门，所以通常人们称它们为"东西三座门"。这两座建筑物是明初遗物。体型比例甚美，材质也朴实简单。明的遗物中常有纯用砖筑、饰以着色琉璃砖瓦较永远性的建筑物，这两门也就是北京明代文物中极可宝贵的。它们的体型在世界古典建筑中也应有它们的艺术地位。这两门同"丁"字直画末端中华门[2]（也是明建的）鼎足而三，是广场的三个入口，也是天安门的两个掖卫与前哨，形成"丁"字各端头上的重点。

全场周围绕着覆着黄瓦的红墙，铺着白石的板道。此外横亘广场北端的御河上还有五道白石桥和它们上面雕刻的栏杆，桥前有一双白石狮子、一对高达8米的盘龙白石华表。这些很简单的点缀物，便构成了这样一个伟大的地方。全场的配色限制在红色的壁画、黄色的琉璃瓦、带米白色的石刻和沿墙一些树木。这样以纯红、纯黄、纯白的简单的基本颜色来衬托北京蔚蓝的天空，恰恰给人以无可比拟的庄严印象。

中华门以内沿着东西墙，本来有两排长廊，约略同午门前的廊子相似，但长得多。**这两排廊子正式的名称叫作"千步廊"**，是皇宫前很美

---

1 已于1954年拆除。——出版者注
2 已于1954年拆除。——出版者注

丽整肃的一种附属建筑。这两列千步廊在庚子年毁于侵略军队八国联军之手，后来重修的，工程恶劣，已于民国初年拆掉，所以只余现在的两道墙。如果条件成熟，将来我们整理广场东西两面建筑之时，或者还可以恢复千步廊，增建美好的两条长长的画廊，以供人民游息。廊屋内中便可布置有文化教育意义的短期变换的展览。

这所谓的千步廊是怎样产生的呢？谈起来，它的来历与发展是很有意思的。它的确是街市建设一种较晚的格式与制度，起先它是宫城同街市之间的点缀、一种小型的"绿色区"。金、元之后才被统治者拦入皇宫这一边，成为宫前禁地的一部分，而把人民拒于这区域之外。

据我们所知道的汉、唐的两京——长安和洛阳，都没有这千步廊的形制。但是至少在唐末与五代城市中商业性质的市廊却是很发展的。长列廊屋既便于存贮来往货物，前檐又可以遮蔽风雨以便行人，购售的活动便都可以得到方便。商业性质的廊屋的发展是可以理解的，它的普遍应用是由于实际作用而来。至今地名以廊为名而表示商区性质的如南京的估衣廊等，是很多的。实际上以廊为一列店肆的习惯，则在今天各县城中还可以到处看到。

当汴梁（今开封）还不是北宋的首都以前，因为隋开运河，汴河为其中流，汴梁已成了南北东西交通重要的枢纽，为一个商业繁盛的城市。南方的"粮斛百货"都经由运河入汴，可达洛阳、长安。所以是"自江淮达于河洛，舟车辐辏"而被称为雄郡。城的中心本是节度使的郡署，到了五代的梁朝将汴梁改为陪都，才创了宫殿。但这不是我们的要点，汴梁最主要的特点是有四条水道穿城而过，它的上边有许多壮美的桥梁。大的水道汴河上就有十三道桥，其次蔡河上也有十一道，所以那里又产生了所谓"河街桥市"的特殊布局。商业常集中在桥头一带。

上边说的汴州郡署的前门是正对着汴河上一道最大的桥，俗称"州桥"的。它的桥市当然也最大，郡署前街两列的廊子可能就是这种桥市。到北宋以汴梁为国都时，这一段路被称为"御街"，而两边廊屋也就随着被称为"御廊"，禁止人民使用了。

据《东京梦华录》记载：宫门宣德门南面御街阔三百余步，两边是御廊，本许市人买卖其间，自宋徽宗政和年号之后，官司才禁止的。并安立黑漆杈子在它前面，安朱漆杈子两行在路心，中心道不得人马通行。行人都拦在朱杈子以外，杈内有砖石砌御沟水两道，尽植莲荷，近岸植桃李梨杏杂花，"春夏之间望之如绣"。商业性质的市廊变成"御廊"的经过，在这里便都说出来了。

由全市环境的方面看来，这样地改变嘈杂商业区域成为一种约略如广场的修整美丽的风景中心，不能不算是一种市政上的改善。且人民还可以在朱杈子外任意行走，所谓御街也还不是完的禁地。到了元宵灯节，那里更是热闹，成为大家看灯娱乐的地方。宫门宣德楼前的"御街"和"御廊"对着汴河上大州桥，显然是宋东京部署上的一个特色。此后历史上事实证明这样一种壮美的部署被金、元抄袭，用在北京，而由明清保持下来成为定制。

金人当时以武力攻败北宋懦弱无能的皇室后，金朝的统治者便很快地要模仿宋朝的文物制度，享受中国劳动人民所累积起来的工艺美术的精华，尤其是在建筑方面。金朝是由1149年起开始他们建筑的活动，迁都到了燕京，称为中都，就是今天北京的前身，在宣武门以西越出广安门之地，所谓"按图兴修宫殿""规模宏大"，制度"取法汴京"，就都是慕北宋的文物，蓄意要接受它的宝贵遗产与传统的具体表现。"千步廊"也就是他们所爱慕的一种建筑传统。

金的中都自内城南面天津桥以北的宣阳门起，到宫门的应天楼，东西各有廊二百余间，中间驰道宏阔，两旁植柳。当时南宋的统治者曾不断遣使到"金庭"来，看到金的"规制堂皇，仪卫华整"，写下不少深刻的印象。他们虽然曾用优越的口气说金的建筑殿阁崛起不合制度，但也不得不承认这些建筑"工巧无遗力"。其实那一切都是我们民族的优秀劳动人民勤劳的创造，是他们以生命与血汗换来的，真正的工作是由于"役民夫八十万，兵夫四十万"，并且是"作治数年，死者不可胜计"的牺牲下做成的。当时美好的建筑都是劳动人民的果实，却被统治者所独占。北宋时期商业性的市廊改为御廊之后，还是市与宫之间的建筑，人民还可以来往其间。到了金朝，特意在宫城前东西各建二百余间，分三节，每节有一门，东向太庙，西向尚书省，北面东西转折又各有廊百余间，这样的规模已是宫前门禁森严之地，不再是老百姓所能够在其中走动享受的地方了。

到了元的大都记载上正式地说，南门内有千步廊，可七百步，建灵星门，门内二十步许有河，河上建桥三座名周桥。**汴梁时的御廊和州桥，这时才固定地称作"千步廊"和"周桥"，成为宫前的一种格式和定制**，将它们从人民手中掳夺过去，附属于皇宫方面。

明、清两代继续用千步廊作为宫前的附属建筑。不但午门前有千步廊到了端门，端门前东西还有千步廊两节，中间开门，通社稷坛和太庙。当1419年将北京城向南展拓，南面城墙由现在长安街一线南移到现在的正阳门一线上，端门之前又有天安门，它的前面才再产生规模更大而开展的两列千步廊到了中华门。这个宫前广庭的气魄更超过了宋东京的御街。

这样规模的形制当然是宫前的一种壮观，但是没有经济条件是建造不起来的，所以终南宋之世，它的首都临安的宫前再没有力量继续这个美丽的传统，而只能以细沙铺成一条御路。而御廊格式反是由金、元两代传至明、清的，且给了"千步廊"这个名称。

我们日后是可能有足够条件和力量来考虑恢复并发展我们传统中所有美好的体型的。广场的两旁也是可以建造很美丽的长廊的。当这种建筑环境不被统治者所独占时，它便是市中最可爱的建筑型类之一，有益于人民的精神生活。正如层塔的屺峙，长廊的周绕也是最代表中国建筑特征的体型。用于各种建筑物之间，它是既实用，而又美丽的。

◇ 天安门前广场

团城——古代台的实例

北海琼华岛是今日北京城的基础，在元建都以前那里是金的离宫，而元代将它作为宫城的中心，称作万寿山。北海和中海为太液池。团城是其中既特殊又重要的一部分。

元的皇宫原有三部分，除正中的"大内"外，还有兴圣宫在万寿山之正西，即今北京图书馆一带。兴圣宫之前还有隆福宫。团城在当时称为"瀛洲圆殿"，也叫仪天殿，在池中一个圆坻上。换句话说，它是一个岛，在北海与中海之间。岛的北面一桥通琼华岛（今天仍然如此），东面一桥同当时的"大内"联络，西面是木桥，长四百七十尺，通兴圣宫，中间辟一段，立柱架梁在两条船上才将两端连接起来，所以称吊桥。当皇帝去上都（察哈尔省多伦[1]附近）时，留守官则移舟断桥，以禁往来。明以后这桥已为美丽的石造的金鳌玉蝀桥所代替，而团城东边已与东岸相连，成为今日北海公园门前三座门一带地方。所以团城本是北京城内最特殊、最秀丽的一个地点。现今的委屈地位使人不易感觉到它所曾处的中心地位。在我们今后改善道路系统时是必须加以注意的。

团城之西，今日的金鳌玉蝀桥是一座美丽的石桥，正对团城，两头各立一牌楼，桥身宽度不大，横跨北海与中海之间，玲珑如画，还保有当时这地方的气氛。但团城以东，北海公园的前门与三座门间，曲折迫隘，必须加宽，给团城更好的布置，才能恢复它周围应有的衬托。到了条件更好的时候，北海公园的前门与围墙根本可以拆除，团城与琼华岛间的原来关系，将得以更好地呈现出来。

---

1 今为内蒙古自治区锡林郭勒盟多伦县。——出版者注

◇ 团城

　　过了三座门，转北转东，到了三座门大街的路旁，北面隈小庞杂的小店面和南面的筒子河太不相称；转南至北长街北头的路东也有小型房子阻挡风景，尤其没有道理，今后一一都应加以改善。尤其重要的，金鳌玉蝀桥虽美，是东西城间重要交通孔道之一，但桥身宽度不足以适应现代运输工具的需要条件，将来必须在桥南适当地点加一道横堤来担任车辆通行的任务，保留桥本身为行人缓步之用。堤的形式绝不能同桥梁重复，以削弱金鳌玉蝀桥驾凌湖心之感，所以必须低平，和河岸略同。将来由桥上俯瞰堤面的"车马如织"，由堤上仰望桥上行人则"有如神仙中人"，也是一种奇景。我相信很多办法都可以考虑周密计划得出来的。

此外，现在团城的格式也值得我们注意。台本是中国古代建筑中极普通的类型。从周文王的灵台和春秋秦汉的许多的台，可以知道它在古代建筑中是常有的一种，而在后代就越来越少了。古代的台大多是封建统治阶级登临游宴的地方，上面多有殿堂、廊庑、楼阁之类，曹操的铜雀台就是杰出的一例。**据作者所知，现今团城已是这种建筑遗制的唯一实例，故极为珍贵。** 现在上面的承光殿代替了元朝的仪天殿，是1690年所重建。殿内著名的玉佛也是清代的雕刻。殿前大玉瓮则是元世祖忽必烈"特诏雕造"，本是琼华岛上广寒殿的"寿山大玉海"，殿毁后失而复得，才移此安置。这个小台是同琼华岛上的大台遥遥相对。它们的关系是很密切的，所以在下文中我们还要将琼华岛一起谈到的。

北海琼华岛白塔的前身

北海的白塔是北京最挺秀的突出点之一，为人人所常能望见的。这塔的式样属于西藏化的印度"窣堵坡"，元以后北方多建造这种式样。**我们现在要谈的重点不是塔而是它的富于历史意义的地址。** 它同奠定北京城址的关系最大。

本来琼华岛上是一高台，上面建着大殿，还是一种古代台的形制。相传是辽萧太后所居，称"妆台"。换句话说，就是在辽的时代还保持着唐的传统。金朝将就这个卓越的基础和北海、中海的天然湖沼风景，在此建筑有名的离宫——大宁宫。元世祖攻入燕京时破坏城区，而注意到这个美丽的地方，便住这里大台之上的殿中。

到了元筑大都，便是依据这个宫苑为核心而设计的。就是上文中所已经谈到的那鼎足而立的三个宫；所谓"大内"兴圣宫和隆福宫，以北海、中海的湖沼（称太液池）做这三处的中心，而又以大内为全个都城的核心。忽必烈不久就命令重建岛上大殿，名为广寒殿。上面绿荫清泉，为避暑胜地。马可·波罗（意大利人）在那时到了中国，得以见到，在他的游记中曾详尽地叙述这清幽伟丽奇异的宫苑台殿，说有各处移植的奇树，殿亦作翠绿色，夏日清凉。

明灭元之后，曾都南京，命大臣来到北京毁元旧都。有萧洵其人随着这个"破坏使团"而来，他遍查元故宫，心里不免爱惜这样美丽的建筑精华，要遭到无情的破坏，所以一切他都记在他所著的《元故宫遗录》中。

据另一记载（《日下旧闻考》引《太岳集》），明成祖曾命勿毁广寒殿。到了万历七年（1579年）五月"忽自倾圮，梁上有至元通宝的金钱等"。其实那时据说瓦甓已坏，只存梁架，木料早已腐朽，危在且夕，当然容易忽自倾圮了。

现在的白塔是清初1651年即广寒殿倾圮后73年，在殿的旧址上建立的。距今又整整300年了。知道了这一些发展过程，当我们遥望白塔在朝阳夕照之中时，心中也有了中国悠久历史的丰富感觉，更珍视各朝代中人民血汗所造成的种种成绩。所不同的是当时都是被帝王所占有的奢侈建设，当他们对它厌倦时又任其毁去，而从今以后，一切美好的艺术果实就都属于人民自己，而我们必尽我们的力量永远加以保护。

第四章

晋汾古建筑预查纪略

原载于1935年《中国营造学社汇刊》第5卷第3期，署名林徽因、梁思成。

去夏乘暑假之便，做晋汾之游。汾阳城外峪道河，为山右绝好消夏的去处；地据白彪山麓，因神头有"马跑神泉"，自从宋太宗的骏骑蹄下踢出甘泉，救了干渴的三军，这泉水便没有停流过，千年来为沿溪数十家磨坊供给原动力，直至电气磨机在平遥创立了山西面粉业的中心，这源源清流始闲散地单剩曲折的画意。辘辘轮声既然消寂下来，而空静的磨坊便也成了许多洋人避暑的别墅。

说起来中国人避暑的地方，哪一处不是洋人开的天地，北戴河、牯岭、莫干山……所以峪道河也不是例外。其实去年在峪道河避暑的，除去一位娶英籍太太的教授和我们外，全体都是山西内地传教的洋人，还不能说是中国人避暑的地方呢。在那短短的十几天，令人大有"人何寥落"之感。

以汾阳峪道河为根据，我们曾向邻近诸县做了多次的旅行，计停留过八县地方，为太原、文水、汾阳、孝义、介休、灵石、霍县、赵城，其中介休至赵城间三百余里，因同蒲铁路正在炸山兴筑，公路多段被毁，故大半竟至徒步，滋味尤为浓厚。餐风宿雨，两周艰苦简陋的生活与寻常都市相较，至少有两世纪的分别。我们所参诣的古构不下三四十处，元明遗物随地遇见，现在仅择要纪述。

汾阳县峪道河龙天庙

在我们住处，峪道河的两壁山岩上，有几处小小庙宇。东岩上的实际寺以风景幽胜著名。神头的龙王庙因马跑泉享受了千年的烟火，正殿前有拓黑了的宋碑，为这年代的保证，这碑也就是庙里唯一的"古物"。西岩上南头有一座关帝庙，几经修建，式样混杂，别有趣味。北头一座龙天庙，虽然在年代或结构上并无可以惊人之处，但秀整不俗，我们却可以当它作山西南部小庙宇的代表作品。

龙天庙在西岩上，庙南向，其东边立面，厢庑后背，钟楼及围墙成一长线剪影，隔溪居高临下，隐约白杨间。在斜阳掩映之中，最能引起沿溪行人的兴趣。山西庙宇的远景无论大小都有两个特征：一是立体的组织权衡俊美，各部参差高下，大小相依附，从任何视点望去均恰到好处；一是在山西砖筑或石砌物斑彩淳和，多带红黄色，在日光里与山冈原野同醉，浓艳夺人，尤其是在夕阳西下时，砖石如染，远近殷红映照，绮丽特甚。在这两点上，龙天庙亦非例外。谷中外人30年来不识其名，但据这种印象，称这庙作"落日庙"并非无因的。

庙周围土坡上下有盘旋小路，坡孤立如岛，远距村落人家。庙前本有一片松柏，现时只剩一老松孤傲耸立，缄默如同守卫将士。庙门镇日闭锁，少有开时，苟遇一老人耕作门外，则可暂借锁钥，随意出入。本来这一带地方多是道不拾遗、夜不闭户的，所谓锁钥亦只余一条铁钉及一种形式上的保管手续而已。这现象竟亦可代表山西内地其他许多大小庙宇的保管情形。

◇ 龙天庙庙门

庙中空无一人，蔓草晚照，伴着殿庑石级，静穆神秘，如在画中。两厢为"窑"，上平顶，有砖级可登，天晴日美时，周围风景全可入览。此带山势和缓，平趋连接汾河东西区域；远望绵山峰峦，竟似天外烟霞，但傍晚时，默立高处，实不竟古原夕阳之感。近山各处全是赤土山级，层层平削，像是出自人工；农民多辟洞"穴居"，耕种其上。麦黍赤土，红绿相间成横层，每级土崖上所辟各穴，远望似平列桥洞，景物自成一种特殊风趣。沿溪白杨丛中，点缀土筑平屋小院及磨坊，更显错落可爱。

龙天庙的平面布置南北中线甚长，南面围墙上辟山门。门内无照壁，却为戏楼背面。山西中部、南部我们所见的庙宇多附属戏楼，在平面布置上没有向外伸出的舞台。楼下部实心基坛，上部三面墙壁，一面开敞，向着正殿，即为戏台。台正中有山柱一列，预备挂上帷幕可分成前后台。楼左阙门，有石级十余可上下。在龙天庙里，这座戏楼正堵截山门入口处，成一大照壁。

转过戏楼，院落甚深，楼之北，左右为钟鼓楼，中间有小小牌楼，庭院在此也高起两三级划入正院。院北为正殿，左右厢房为砖砌窑屋各三间，前有廊檐，旁有砖级，可登屋顶。山西乡间穴居仍盛行，民居喜砌砖为窑（即券洞），庙宇两厢亦多砌窑，以供僧侣居住。窑顶平台均可从窑外梯级上下。此点酷似墨西哥红印人之叠层土屋，有立体堆垒组织之美。钟鼓楼也以发券的窑为下层台基，上立木造方亭，台基外亦设砖级，依附基墙，可登方亭。**全建筑物以砖造部分为主，与他省木架钟鼓楼异其风趣。**

正殿前廊外尚有一座开敞的过厅，紧接廊前，称"献食棚"。这个

正殿

献食棚

上至窑顶

西窑

东窑

牌楼

鼓楼

钟楼

乐楼

门洞

10

5

5

公尺

◇ 龙天庙平面

结构实是一座卷棚式过廊，两山有墙而前后檐柱间开敞，没有装修及墙壁。它的功用则在名义上已很明了，不用赘释了。在别省称祭堂或前殿的，与正殿都有相当的距离，而且不是开敞的，这献食棚实是祭堂的另一种有趣的做法。

龙天庙里的主要建筑物为正殿。殿三间，前出廊，内供龙天及夫人像。按廊下清乾隆十二年碑说：

> 龙天者，介休令贾侯也。公（讳）浑，晋惠帝永兴元年，刘元海……攻陷介休，公……死而守节，不愧青天。后人……故建庙崇祀……像神立祠，盖自此始矣。……

这座小小正殿，"前廊后无廊"，本为山西常见的做法，前廊檐下用硕大的斗栱，后檐却用极小乃至不用斗栱，将前后不均齐的配置完全表现在外面，是河北省所不经见的，尤其是在旁面看其所呈现象，颇为奇特。

至于这殿，按乾隆十二年《重增修龙天庙碑记》说：

> 按正殿上梁所志系元季丁亥元顺帝至正七年（公元1347年）重建。正殿三小间，献食棚一间，东西厦窑二眼，殿旁两小房二间，乐楼三间。……鸠工改修，计正殿三大间，献食棚三间，东西窑六眼，殿旁东西房六间，大门洞一座……零余银备异日牌楼钟鼓楼之费。……

所以我们知道龙天庙的建筑，虽然曾经重建于元季，但是现在所见竟全是乾嘉增修的新构。

殿的构架，由大木上说，是悬山造，因为各檩头皆伸出到柱中线以外甚远；但是由外表上看，却似硬山造，因为山墙不在山柱中线上，而向外移出，以封护檩头。这种做法亦为清代官式建筑所无。

这殿前檐的斗栱权衡甚大，斗栱之高，约及柱高之四分之一；斗栱之布置亦极疏朗，当心间用补间铺作一朵，次间不用。当心间左右两柱头并补间铺作均用45度斜栱。柱身微有卷杀；阑额为月梁式；普拍枋宽过阑额。这许多特征在河北省内唯在宋元以前建筑乃得见；但在山西，明末清初比比皆是，但细查各栱头的雕饰，则光怪陆离，绝无古代沉静的气味；两平柱上的丁头栱（清称雀替），且刻成龙头、象头等形状。

殿内梁架所用梁的断面，亦较小于清代官式的规定，且所用驼峰、替木、叉手等结构部分，都保留下古代的做法，而在清式中所不见的。

全殿最古的部分是正殿匾牌。这牌的牌首、牌带、牌舌皆极奇特，与古今定制都不同，不知是否为原物，虽然牌面的年代是确无可疑的。

龍　天　廟

至元二年三月十二日刱建　太正〇〇〇

大木都料汾陽〇從識男〇〇成忠

施碑人當里四鄉〇〇〇任〇〇男任智孫男　任達選

不敢〇〇〇〇周橋且邑張元景

任選

◇ 正殿匾牌

汾阳县大相村崇胜寺

由太原至汾阳公路上，将到汾阳时，便可望见路东南百余米处，耸起一座庞大的殿宇，出檐深远，四角用砖筑立柱支着，引人注意。由大殿之东，进村之北门，沿寺东墙外南行颇远，始到寺门。寺规模宏敞，连山门一共六进。山门之内为天王门，天王门内左右为钟鼓楼，后为天王殿，天王殿之后为前殿、正殿（毗卢殿）及后殿（七佛殿）。除去第一进院之外，每院都有左右厢，在平面布置上完全是明清以后的式样，而在构架上，则差不多各进都有不同的特征，明初至清末各种的式样都有代表"列席"。在建筑本身以外，正殿廊前放着一造像碑，为北齐天保三年物。

天王殿正中弘治元年（1488年）碑说：

大相里横枕卜山之下……古来舍刹稽自大齐天保三年（552年），

大元延祐四年（1317年）……奉敕建立后殿，增饰慈尊，额题崇胜禅寺，于是而渐成规模……大明宣德庚戌五年（1430年），功竖中殿，廊庑翼如；周植树千本。……大明成化乙未十一年（1475年）……构造天王殿，伽蓝宇祠，堂室俱备。……

按现在情形看，天王殿与中殿之间尚有前殿，天王殿前尚有钟楼、鼓楼，为碑文中所未及。而所"植树千本"，则一根也不存在了。

山门

山门三间，最平淡无奇；檐下用一斗三升斗栱，权衡甚小，但布置尚疏朗。

天王门

天王门三间，左右挟以斜照壁及披门。斗栱权衡颇大，布置亦疏朗。每间用补间铺作二朵，角柱微生起，乍看确有古风。但是各栱昂头上过甚的雕饰，立刻表示其较晚的年代。天王门内部梁架都用月梁。但因前后廊子均异常浅隘，故前后檐部斗栱的布置都有特别的结构，成为一个有趣的断面；前面用两列斗栱，高下不同，上下亦不相列，后檐却用垂莲柱，使檐部伸出墙外。

钟鼓楼

天王门之后，左右为钟鼓楼，其中钟楼结构精巧，前有抱厦，顶用十字脊，山花向前，甚为奇特。

天王殿

天王殿五间，即成化十一年所建，弘治元年碑，就立在殿之正中；天王像四尊，坐在东西梢间内。斗栱颇大，当心间用补间铺作两朵，次梢间用一朵，雄壮有古风。

前殿

前殿五间，大概是崇胜寺最新的建筑物，斗栱用品字式，上交托角替，垫栱板前罗列着全副博古，雕工精细异常，不唯是太琐碎了，而且是违反一切好建筑上结构及雕饰两方面的常矩的。

◇ 崇胜寺前殿

配殿

前殿的东西配殿各三间，亦有几处值得注意之点。在横断面上，前后是不均齐的，如峪道河龙天庙正殿一样，"前廊后无廊"，而前廊用极大的斗栱，后廊用小斗栱，使侧面呈不均齐象。斗栱布置亦疏朗，每间用补间铺作一朵。出跳虽只一跳，在昂下及泥道栱下，却用替木式的短栱实拍承托，如大同华严寺海会殿及应县木塔顶层所见；但在此短栱栱头又以极薄小之翼形栱相交，都是他处所未见。最奇特的乃在阑额与柱头的连接法，将阑额两端斫去一部，使额之上部托在柱头之上，下部与柱相交，是以一构材而兼阑额及普拍枋两者的功用的。阑额之下托以较小的枋，长尽梢间，而在当心间插出柱头做角替，也许是《营造法式》卷五所谓"绰幕方"一类的东西。

正殿

正殿（毗卢殿）大概是崇胜寺内最古的结构，明弘治元年碑所载建于宣德庚戌五年（1430年）的中殿即指此。殿是硬山造，"前廊后无廊"，前檐用硕大的斗栱，前后亦不均齐。斗栱布置，每间只用补间铺作一朵。前后各出两跳，单抄单下昂，重栱造，昂尾斜上，以承上一缝槫。当心间补间铺作用45度斜栱。阑额甚小，上有很宽的普拍枋，一切尚如古制。当心间两柱，八角形，这种柱常见于六朝隋唐的砖塔及石刻，但用木的，这是我们所得见唯一的例。檐出颇远，但只用椽而无飞椽，在这种大的建筑物上还是初见。

前廊西端立北齐天保三年任敬志等造像碑，碑阳造像两层，各刻一佛二菩萨，额亦刻佛一尊。上层龛左右刻天王，略像龙门两大天王。座下刻狮子二；碑头刻蟠龙，都是极品，底下刻字则更劲古可爱。可惜佛面已毁，碑阴字迹亦见剥落了。清初顾亭林到汾访此碑，见先生《金石文字记》。

七佛殿

最后为七佛殿七间，是寺内最大的建筑物，在公路上可以望见。按明万历二十年《增修崇胜寺记》碑，乃"以万历十二年动工，至二十年落成"。无疑地，这座晚明结构已替换了"大元元祐四年"的原建，在全部权衡上，这座明建尚保存着许多古代的美德，例如斗栱疏朗，出檐深远，尚表现一些雄壮气概。但各部本身，则尽雕饰之能事。外檐斗栱，上昂嘴特多，弯曲已甚；要头上雕饰细巧；替木两端的花纹盘缠；阑额下更有龙形的角替；且金柱内额上斗栱坐斗之剔空花，竟将荷载之集中点（主要的建筑部分）做成脆弱的、纤巧的花样。匠人弄巧，害及好建筑，以至如此，实令人怅然。

虽然在雕工上看来，这些都是精妙绝伦的技艺，可惜太不得其道，以建筑物做卖技之场，结果因小失大，这巍峨大殿在美术上竟要永远蒙耻低头。

七佛殿槅扇上花心，精巧异常，为一种菱花与球纹混合的花样，在装饰图案上实是登峰造极的；殿顶的脊饰是山西所常见的普通做法。

汾阳县杏花村国宁寺

杏花村是做汾酒的古村，离汾阳甚近。国宁寺大殿由公路上可以望见。殿重檐，上檐檐椽毁损一部分，露出橑檐枋及阑额，远望似唐代刻画中所见双层额枋的建筑，故引起我们绝大的兴趣及希望，及到近前才知道是一片极大的寺址中仅剩的一座极不规矩的正殿；前檐倾圮，檐檩暴落，竟给人以奢侈的误会。廊下乾隆二十八年碑说："敕赐于唐贞观，重建于宋，历修于明代。"现存建筑大约是明时重建的。

在山西明代建筑甚多，形形色色，式样各异，斗栱布置或仍古制，或变换纤巧，陆离光怪，几不若以建筑规制论之。大殿的平面布置几成方形，重檐金柱的分间与外檐柱及内柱不相排列。而在结构方面，此殿做法很奇特，内部梁架，两山将采步金梁经过复杂勾结的斗栱，放在顺梁上，而采步金上，又承托两山顺扒梁（或大昂尾），法式新异，未见于他处。

至于下檐前面的斗栱，不安在柱头上，致使柱上空虚，做法错谬，大大违反结构原则，在老建筑上是甚少有的。

汾阳县小相村灵岩寺

小相村与大相村一样在汾阳文水之间的公路旁，但大相村在路东，而小相村却在路西，且离汾阳亦较远。灵岩寺在山坡上，远在村后，一塔秀挺，楼阁巍然，殿瓦琉璃，辉映闪烁夕阳中，望去易知为明清物，但景物婉丽可人，不容过路人弃置不睬。

离开公路，沿土路行四五里可达村前门楼。楼跨土城上，底下圆券洞门，一如其他山西所见村落。村内一路贯全村前后，雨后泥泞崎岖，难同入蜀，愈行愈疲，愈觉灵岩寺之远，始悟汾阳一带平原楼阁远望转近，不易用印象来计算距离的。及到寺前，残破中虽仅存山门券洞，但寺址之大，一望而知。

进门只见瓦砾土丘，满目荒凉，中间天王殿遗址，隆起如冢，气象堂皇。道中所见砖塔及重楼，尚落后甚远，更进又一土丘，当为原来前殿——中间露天趺坐两铁佛，中挟一无像大莲座；斜阳一瞥，奇趣动人，行人倦旅，至此几顿生妙悟，进入新境。再后当为正殿址，背景里楼塔愈迫近，更有铁佛三尊，趺坐慈静如前，东首一尊且低头前伛，现悯恻垂注之情。此时远山晚晴，天空如宇，两址反不殿而殿，严肃丽都，不借梁栋丹青，朝拜者亦更沉默虔敬、不由自主了。

铁像有明正德年号，铸工极精，前殿正中一尊已倾攲坐地下，半埋入土，塑工清秀，在明代佛像中可称上品。

灵岩寺各殿本皆发券窑洞建筑，砖砌券洞繁复相接，如古罗马遗建，由断墙土丘上边下望，正殿偏西，残窑多眼尚存。更像隧道密室相关联，有阴森之气，微觉可怕，中间多停棺枢，外砌砖椁，印象亦略如罗马石棺，在木造建筑的中国里探访遗迹，极少有此经验的。券洞中一处，尚存券底画壁，颜色鲜好，画工精美，当为明代遗物。

砖塔在正殿之后，建于明嘉靖二十八年。这塔可做晋冀两省一种晚明砖塔的代表。

砖塔之后有砖砌小城，由旁面小门入方城内，别有天地，楼阁廊舍，尚极完整，但阒无人声，院内荒芜，野草丛生，幽静如梦；与"城"以外的堂皇残址、露坐铁佛，风味迥殊。

这院内左右配殿各窑五眼，窑筑巩固，背面向外，即为所见小城墙。殿中各余明刻木像一尊。北面有基窑七眼，上建楼殿七大间，即远望巍然有琉璃瓦者。两旁更有嫠楼，石级露台曲折，可从窑外登小阁，转入正楼。夕阳落寞，淡影随人转移，处处是诗情画趣，一时记忆几不及于建筑结构形状。

下楼徘徊在东西配殿廊下看读碑文，在荆棘拥护之中，得朱之俊崇祯年间碑，碑文叙述水陆楼的建造原始甚详。

朱之俊自述："夜宿寺中，俄梦散步院落，仰视左右，有楼翼然，赫辉壮观，若新成形……觉而异焉，质明举似普门师，师为余言水陆阁像，颇与梦合。余因征水陆缘起，慨然首事。……"

　　各处尚存碑碣多座，叙述寺已往的盛史。唯有现在破烂的情形及其原因，在碑上是找不出来的。

　　正在留恋中，老村人好事进来，打断我们的沉思，开始问答，告诉我们这寺最后的一页惨史。据说是光绪二十六年替换村长时，新旧两长各竖一帜，怂恿村人械斗，将寺拆毁。数日间竟成一片瓦砾之场，触目伤心；现在全寺余此一院楼厢，及院外一塔而已。

◇ 灵岩寺砖塔

文水县开栅镇圣母庙

开栅镇并不在公路上，由大路东转沿着山势，微微向下曲折，因为有溪流、有大树，庙宇村巷全都隐藏，不易即见。庙门规模甚大，丹青剥落。院内古树合抱，浓荫四布，气氛严肃之极。建筑物除北首正殿、南首乐楼巍峨对峙外，尚有东西两堂，皆南向与正殿并列，雅有古风；廊庑、碑碣、钟楼、偏院，给人以浪漫印象较他庙为深，尤其是因正殿屋顶歇山向前，玲珑古制，如展看画里楼阁。屋顶歇山，山面向前，是宋代极普通的式制，在日本至今还用得很普遍，然而在中国，由明以后，除去城角楼外，这种做法已不多见。正定隆兴寺摩尼殿是这种做法的，且由其他结构部分看去，我们知道它是宋初物。据我们所见过其他建筑歇山向前的，共有元代庙宇两处，均在正定。此外即在文水开栅镇圣母庙正殿又得见之。

殿平面作凸字形，后部为正方形殿三间，屋顶悬山造；前有抱厦，进深与后部同，面阔则较之稍狭，屋顶歇山造，山面向前。

殿身

廊子

抱厦

月台

◇
圣母庙正殿平面

5

0

1

公尺

◇ 圣母庙正殿抱厦

后部斗栱，单昂出一跳，抱厦则重昂出两跳，布置极疏朗，补间仅一朵。昂并没有挑起的后尾，但斗栱在结构上还是有绝对的功能。耍头之上，撑头木伸出，刻略如麻叶云头，这可说是后来清式桃尖梁头之开始。前面歇山部分的构架，枋全承在斗栱之上，结构精密，堪称上品。正定阳和楼前关帝庙的构架和斗栱，与此多有相同的特征。但此处内部木料非常粗糙，呈简陋印象。

抱厦正面骤见虽似三间，但实只一间，有角柱而无平柱，而代之以槏柱（或称抱框），额枋是长同通面阔的。额枋的用法正面与侧面略异，亦是应注意之点，侧面额枋之上用普拍枋，而正面则不用；正面额枋之高度与侧面额枋及普拍枋之总高度相同，这也是少见的做法。

至于这殿的年代，在正面梢间壁上有元至元二十年（1283年）嵌石，刻文说：

> 夫庙者元近西溪，未知何代……后于此方要修其庙……梁书万岁大汉之时，天会十年季春之月……今者石匠张莹，嗟岁月之弥深，睹栋梁之抽换……恐后无闻，发愿刻碑。……

刻石如是。由形制上看来，殿宇必建于明以前，且因与正定关帝庙相同之点甚多，当可断定其为元代物。

圣母庙在平面布置上有一特殊值得注意之点。在正殿之东西各有殿三间，南向，与正殿并列，尚存魏晋六朝东西堂之制。关于此点，刘敦桢先生在本刊（《中国营造学社汇刊》）五卷二期已申论得很清楚，不必在此赘述了。

文水县文庙

文水县，县城周整，文庙建筑亦宏大出人意外。院正中泮池，两边廊庑，碑石栏杆，围衬大成门及后殿，壮丽较之都邑文庙有过无不及；但建筑本身分析起来，颇多弱点，仅为山西中部清以后虚有其表的代表作之一种。庙里最古的碑记有宋元符三年的县学进士碑，元明历代重修碑也不少。就形制看来，现存殿宇大概都是清以后所重建。

正殿

正殿开间狭而柱高，外观似欠舒适。柱头上用阑额和由额，二者之间用由额垫板，间以"荷叶墩"，阑额之上又用肥厚的普拍枋。这四层构材本来阑额为主，其他为辅，但此处则全一样大小，使宾主不分，极不合结构原则。斗栱不甚大，每间只用补间铺作一朵。坐斗下面托以"皿板"，刻作古玩座形，当亦是当地匠人纤细弄巧做法之一种表现。斗栱外出两跳华栱，无昂，但后尾却有挑杆，大概是由耍头及撑头木引上。两山柱头铺作承托顺扒梁外端，内端坦然放在大梁上却倒率直。

戟门

戟门三间，大略与大成殿同时。斗栱前出两跳，单抄单下昂，正心用重栱，第一跳单栱上施替木承罗汉枋，第二跳不用栱，跳头直接承托替木以承挑檐枋及檐桁，也是少见的做法。转角铺作不用由昂，也不用角神或宝瓶，只用多跳的实拍栱（或靴契），层层伸出，以承角梁，这做法不只新颖，且较其他常见的尚为合理。

孝义县吴屯村东岳庙

由汾阳出发南行，本来可雇教会汽车到介休，由介休改乘公共汽车到霍州、赵城等县。但大雨之后道路泥泞，且同蒲路正在炸山筑路，公共汽车道多段已拆毁不能通行，沿途跋涉露宿，大部分竟以徒步得达。

我们曾因道阻留于孝义城外吴屯村，夜宿村东门东岳庙正殿廊下。庙本甚小，仅余一院一殿，正殿结构奇特，屋顶的繁复做法是我们在山西所见的庙宇中最已甚的。小殿向着东门，在田野中间镇座，好像乡间新娘，满头花钿，正要回门的神气。

庙院平铺砖块，填筑甚高，围墙矮短如栏杆，因墙外地洼，用不着高墙围护；三面风景，一面城楼，地方亦极别致。庙厢已做乡间学校，但仅在日中授课，顽童日出即到，落暮始散。夜里仅一老人看守，闻说日间亦是教员，薪金每年得二十金而已。

院略为方形，殿在院正中，平面则为正方形，前加浅隘的抱厦。两旁有斜照壁，殿身屋顶是歇山造；抱厦亦然，但山面向前，与开栅圣母庙正殿极相似，但因前为抱厦，全顶呈繁乱状，加以装饰物，愈富缛不堪设想。这殿的斗栱甚为奇特，其全朵的权衡为普通斗栱所不常有，因为横栱——尤其是泥道栱及其慢栱——甚短，以致斗栱的轮廓耸峻，呈高瘦状。殿深一间，用补间斗栱三朵。抱厦较殿身稍狭，用补间铺作一朵，各层出45度斜昂。昂嘴纤弱，顫[1]入颇深。各斗栱上的耍头，厚只及材之半，刻作霸王拳，劣匠弄巧的弊病在此可见。

侧面阑额之下，在柱头外用角替，而不用由额，这角替外一头伸出柱外，托阑额头下，方整无饰，这种做法无意中巧合力学原则，倒是罕贵的一例。檐部用椽子一层，并无飞椽，亦奇。但建造年月不易断定。我们夜宿廊下，仰首静观檐底黑影，看凉月出没云底，星斗时现时隐，人工自然，悠然溶合入梦，滋味深长。

---

1 读音 āo，意为头凹。——出版者注

霍县太清观

以上所记，除大相村崇胜寺规模宏大及圣母庙年代在明以前结构适当外，其他建筑都不甚重要。霍州县城甚大，庙观多，且魁伟，登城楼上望眺，城外景物和城内嵯峨的殿宇对照，堪称壮观。以全城印象而论，我们所到各处当无能出霍州右者。

霍县太清观在北门内，志称宋天圣二年道人陶崇人建，元延祐三年道人陈泰师修。观建于土丘之上，高出两旁地面甚多，而且愈往后愈高，最后部庭院与城墙顶平，全部布局颇饶趣味。

观中现存建筑多明清以后物。唯有前殿，额曰"金阙玄元之殿"，最饶古趣。殿三间，悬山顶，立在很高的阶基上；前有月台，高如阶基。斗栱雄大，重栱重昂造，当心间用补间铺作两朵，梢间用一朵。柱头铺作上的耍头已成桃尖梁头形式，但昂的宽度却仍早制，未曾加大。想当是明初近乎官式的作品。这殿的檐部也是不用飞椽的。

最后一殿，歇山重檐造，由形制上看来，恐是清中叶以后新建。

◇ 太清观前殿

霍县文庙

霍县文庙建于元至元间，现在大门内还存元碑四座。由结构上看来，大概有许多座殿宇还是元代遗构。在平面布置上，自大成门左右一直到后面，四周都有廊庑，显然是古代的制度。可惜现在全庙被划分两半，前半——大成殿以南——驻有军队，后半是一所小学校，前后并不通行，各分门户，予我们视察上许多不便。

前后各主要殿宇，在结构法上是一贯的。棂星门以内便是大成门，门三间，屋顶悬山造。柱瘦高而额细，全部权衡颇高，尤其是因为柱之瘦长，颇类唐代壁画中所常视的现象。斗栱简单，

◇ 文庙大成殿

单抄四铺作，令栱上施替木，以承橑檐槫[1]。华栱之上施耍头，与令栱及慢栱相交，耍头后尾作楷头，承托在梁下；梁头也伸出到楷头之上，至为妥当合理。斗栱布置疏朗，每间只用补间铺作一朵，放在细长的阑额及其厚阔的普拍枋上。普拍枋出柱头处抹角斜割，与他处所见元代遗物刻海棠卷瓣者略同。中柱上亦用简单的斗栱，华栱上一材，前后出楷头以承大梁。左右两中柱间用柱头枋一材在慢栱上相联络；这柱头枋在左右中柱上向梢间出头作蚂蚱头，并不通排山。大成门梁架用材轻爽经济，将本身的重量减轻，是极妥善的做法。我们所见檐部只用圆椽，其上无飞檐椽的，这又是一例。

大成殿亦三间，规模并不大。殿立在比例高耸的阶基上，前有月台；上用砖砌栏杆（这矮的月台上本是用不着的）。殿顶歇山造。全部权衡也是峻耸状。因柱子很高，故斗栱比例显得很小。

斗栱，单下昂四铺作，出一跳，昂头施令栱以承橑檐槫及枋。昂嘴颛势圆和，但转角铺作角昂及由昂，则较为纤长。昂尾单独一根，斜挑下平槫下，结构异常简洁，也许稍嫌薄弱。斗栱布置疏朗，每间只用补间铺作一朵，三角形的垫栱板在这里竟呈扁长形状。

歇山部分的构架，是用两层的丁栿将山部托住。下层丁栿与阑额平，其上托斗栱。上层丁栿外端托在外檐斗栱之上，内端在金柱上，上托山部构架。

---

1 读音tuán，即屋架上的檩。——出版者注

霍县东福昌寺

祝圣寺原名东福昌寺，明万历间始改今名。唐贞观四年，僧清宣奉敕建。元延祐四年，僧圆琳重建，后改为霍山驿。明洪武十八年，仍建为寺。现时因与西福昌寺的关系，俗称上寺、下寺。就现存的建筑看，大概还多是元代的遗物。

东福昌寺诸建筑中，最值得注意的，莫过于正殿。殿七楹，斗栱疏朗，尤其在昂嘴的颓势上，富于元代的意味。殿顶结构至为奇特。乍见是歇山顶，但是殿本身屋顶与其下围廊顶是不连续成一整片的，殿上盖悬山顶，而在周围廊上盖一面坡顶（围廊虽有转角绕殿左右，但只及殿左右朵殿前面为止）。上面悬山顶有它自己的勾滴，降一级将水泄到下面一面坡顶上。汉代遗物中，瓦顶有这种两坡做法，如高颐石阙及纽约博物馆藏汉明器，便是两个例，其中一个是四阿顶，一个是歇山顶。日本奈良法隆寺玉虫厨子[1]，也用同式的顶。这种古式的结构不意在此得见其遗制，是我们所极高兴的。关于这种屋顶已在本刊（《中国营造学会汇刊》）五卷二期《汉代建筑式样与装饰》一文中详论，不必在此赘述。

在正殿左右为朵殿，这朵殿与正殿殿身、正殿围廊三部屋顶连接的结构法，至为妥善，在清式建筑中已不见这种智巧灵活的做法，官式规制更守住呆板办法删除特种变化的结构，殊可惜。

正殿阶基颇高，前有月台，阶基及月台角石上均刻蟠龙，如《营造法式》石作之制。此例雕饰曾见于应县佛宫寺塔月台角石上。可见此处建筑规制必早在辽明以前。

后殿由形制上看，大概与正殿同时，当心间补间铺作用斜栱、斜昂，如大同善化寺金建三圣殿所见。

后殿前庭院正中尚有唐代经幢一柱存在，经幢之旁有北魏造像残石，用砖龛砌护。石原为五像，弥勒（？）正中坐，左右各二菩萨胁侍，惜残破不堪；左面二菩萨且已缺毁不存。弥勒垂足交胫坐，与云岗初期作品同，衣纹体态无一非北魏初期的表征，古拙可喜。

◇东福昌寺正殿

1 即宫殿型佛龛。厨子用于安奉佛像，即是佛龛。玉虫厨子之称，正是因其以玉虫之翼为饰而名。——出版者注

霍县西福昌寺

西福昌寺与东福昌寺在城内大街上东西相称。按《霍州志》，贞观四年，敕尉迟恭监造。初名普济寺。太宗以破宋老生于此，贞观三年，设建寺以树福田，济营魄。乃命虞世南、李百药、褚遂良、颜师古、岑文本、许敬宗、朱子奢等为碑文。可惜现时许多碑石一件也没有存在的了。

现在正殿五间。左右朵殿三间，当属元明遗构。殿廊下金泰和二年碑，则称寺创自太平兴国三年。前廊檐柱尚有宋式覆盆柱础。

前殿三间，歇山造，形制较古，门上用两门簪，也是辽宋之制。殿内塑像，颇似大同善化寺诸像。惜过游时，天色已晚，细雨不辍，未得摄影。但在殿中摸索，燃火在什物尘垢之中，瞻望佛容而已。

全寺地势前低后高。庭院层层高起，亦如太清观，但跨院旧址尚广，断墙倒壁、老榭荒草中，杂以民居，破落已极。

霍县火星圣母庙

　　火星圣母庙在县北门内。这庙并不古，却颇有几处值得注意之点。在大门之内，左右厢房各三间，当心间支出垂花雨罩，新颖可爱，足供新设计参考采用。正殿及献食棚屋顶的结构、各部相互间的联络，在复杂中倒合理有趣。在平面的布置上，正殿三间，左右朵殿各一间，正殿前有廊三间，廊前为正方形献食棚，左右廊子各一间。这多数相联络殿廊的屋顶；正殿及朵殿悬山造，殿廊一面坡顶，较正殿顶低一级，略如东福昌寺大殿的做法。献食棚顶用十字脊，正面及左右歇山，后面脊延长，与一面坡相交；左右廊子则用卷棚悬山顶。全部联络法至为灵巧，非北平官式建筑物屋顶所能有。

　　献食棚前琉璃狮子一对，塑工至精，纹路秀丽，神气生猛，堪称上品。东廊下明清碑碣及嵌石颇多。

霍县县政府大堂

在霍县县政府大堂的结构上，我们得见到滑稽绝伦的建筑独例。大堂前有抱厦，面阔三间。当心间阔而梢间稍狭，四柱之上以极小的阑额相连，其上却托着一整根极大的普拍枋，将中国建筑传统的构材权衡完全颠倒。这还不足为奇，最荒谬的是这大普拍枋之上，承托斗栱七朵，朵与朵间都是等距离，而没有一朵是放在任何柱头之上。作者竟将斗栱在结构上之原意义完全忘却，随便位置。斗栱位置不随立柱安排，除此一例外，唯在以善于做中国式建筑自命的慕菲氏（Murphy）[1]所设计的南京金陵女子大学得又见之。

斗栱单昂四铺作，令栱与耍头相交，梁头放在耍头之上。补间铺作

---

1 即美国建筑师亨利·墨菲（Henry Killam Murphy，1877—1954）。——出版者注

则将撑头木伸出于要头之上，刻作麻叶云。令栱两散斗特大，两旁有卷耳，略如爱奥尼克（Ionic）柱头形。中部几朵斗栱，大斗之下用板块垫起，但其作用与皿板并不相同。阑额两端刻卷草纹，花样颇美。柱础宝装莲瓣覆盆，只分八瓣，雕工精到。

据壁上嵌石，元大德九年（1305年），某宗室"自明远郡（现地名待考）朝觐往返，霍郡适当其冲，虑郡廨隘陋"，所以增大重建。至于现存建筑物的做法及权衡，古今所无，年代殊难断定。

县府大门上斗栱、华栱层层作卷瓣，也是违背常规的做法。

霍县北门外桥及铁牛

北门桥上的铁牛算是霍州一景，其实牛很平常，桥上栏杆则在建筑师的眼中，不但可算一景，简直可称一出喜剧。

桥五孔，是北方所常见的石桥，本无足怪。少见的是桥栏杆的雕刻，尤以望柱为甚。栏板的花纹各个不同，或用莲花、如意、万字、钟、鼓等纹样，刻工虽不精而布置尚可，可称粗枝大叶的石刻。至于望柱柱头上的雕饰，则动植物、博古、几何形无所不有，个个不同，没有重复，其中如猴子、人手、鼓、瓶、佛手、仙桃、葫芦、十六角形块，以及许多无名的怪形体，粗糙罗列，如同儿戏，无一不足，令人发笑。

至于铁牛，与我们曾见过无数的明代铁牛一样，笨蠢无生气，虽然相传为尉迟恭铸造，以制河保城的。牛日夜为村童骑坐抚摸，古色光润，自是当地一宝。

赵城县侯村女娲庙

由赵城县城上霍山，离城八里，路过侯村，离村三四里，已看见巍然高起的殿宇。女娲庙，《志》称唐构，访谒时我们固是抱着很大的希望的。

庙的平面、地面深广，以正殿——娲皇殿为中心，四周为廊屋，南面廊屋中部为二门，二门之外，左右仍为廊屋，南面为墙，正中辟山门，这样将庙分为内外两院。内院正殿居中，外院则有碑亭两座东西对立，印象宏大。这种是比较少见的平面布置。

按庙内宋开宝六年碑："乃于平阳故都，得女娲原庙重修……南北百丈，东西九筵；雾罩檐楹，香飞户牖……"但《志》称天宝六年重修，也许是开宝六年之误。次古的有元至元十四年重修碑，此外明清两代重修或祀祭的碑碣无数。

现存的正殿五间，重檐歇山，额曰娲皇殿。柱高瘦而斗栱不甚大。

上檐斗栱，重栱双下昂造，每间用补间铺作一朵；下檐单下昂，无补间铺作。就上檐斗栱看，柱头铺作的下昂较补间铺作者稍宽，其上有颇大的梁头伸出，略具"桃尖"之形，下檐亦有梁头，但较小。就这点上看来，这殿的年代恐不能早过元末明初。现在正脊桁下且尚大书崇祯年间重修的字样。

柱头间联络的阑额甚细小，上承宽厚的普拍枋。歇山部分的梁架也似汾阳国宁寺所见，用斗栱在顺梁（或额）上承托采步金梁，因顺梁大小只同阑额，颇呈脆弱之状。这殿的彩画尤其是内檐的尚富古风，颇有《营造法式》彩画的意味。殿门上铁铸门钹、门钉，铸工极精俊。

二门内偏东宋石经幢，全部权衡虽不算十分优美，但是各部的浮雕精绝，如须弥座之上枋的佛迹图，正中刻城门，甚似敦煌壁画中所绘，左右图"太子"所见。中段覆盘，八面各刻狮象。上段仰莲座，各瓣均有精美花纹，其上刻花蕊。除大相村天保造像外，这经幢当为此行所见石刻中之最上妙品。

◇娲皇殿

赵城县广胜寺下寺

一年多以前，赵城宋版藏经之发现，轰动了学术界，广胜寺之名已传遍全国了。国人只知藏经之可贵，而不知广胜寺建筑之珍奇。

广胜寺距赵城县城东南约四十里，据霍山南端。寺分上下两院，俗称"上寺""下寺"。上寺在山上，下寺在山麓，相距里许（但是照当地乡人的说法，却是上山五里、下山一里）。

由赵城县出发，约经二十里平原，地势始渐高，此二十里虽说是平原，但多黏土平头小冈，路陷赤土谷中，蜿蜒出入，左右只见土崖及其上麦黍，头上一线蓝天，炎日当顶，极乏趣味。后二十里积渐坡斜，直上高冈，盘绕上下，既可前望山峦屏嶂，俯瞰田陇农舍，及又穿行几处山庄村落，中间小庙城楼、街巷里井，均极幽雅有画意，树亦渐多渐茂，古干有合抱的，底下必供着树神，留着香火的痕迹。山中甘泉至此已成溪，所经地域，妇人童子多在濯菜浣衣，利用天然。泉清如琉璃，常可见底，见之使人顿觉清凉，风景是越前进越妩媚可爱。

但快到广胜寺时，却又走到一片平原上，这平原浩荡辽阔，乃是最高一座山脚的干河床，满地石片，几乎不毛，不过霍山如屏，晚照斜阳早已在望，气象反开朗宏壮，现出北方风景的性格来。

因为我们向着正东，恰好对着广胜寺前行，可看其上下两院殿宇及宝塔，附依着山侧，在夕阳渲染中闪烁辉映，直至日落。寺由山下望着虽近，我们却在暮霭中兼程一时许，至人困骡乏，始赶到下寺门前。

下寺据在山坡上，前低后高，规模并不甚大。前为山门三间，由兜峻的甬道可上。山门之内为前院，又上而达前殿。前殿五间，左右有钟鼓楼，紧贴在山墙上，楼下券洞可通行，即为前殿之左右掖门。前殿之后为后院，正殿七间居后面正中，左右有东西配殿。

山门

山门外观奇特，最饶古趣。屋盖歇山造，柱高，出檐远，主檐之下前后各有"垂花雨搭"悬出檐柱以外，故前后面为重檐，侧面为单檐。主檐斗栱单抄单下昂造，重栱五铺作，外出两跳。下昂并不挑起，但侧面小柱上则用双抄。泥道重栱之上，只施柱头枋一层，其上并无压槽枋。外第一跳重栱，第二跳令栱之上施替木以承挑檐槫。耍头斫作蚂蚱头形，斜面微颤，如大同各寺所见。

雨搭由檐柱挑出，悬柱上施阑额，普拍枋，其上斗栱单抄四铺作单栱造。悬柱下端截齐，并无雕饰。

殿身檐柱甚高，阑额纤细，普拍枋宽大，阑额出头斫作蚂蚱头形。普拍枋则斜抹角。

内部中柱上用斗栱，承托六椽栿下，前后平椽缝下，施替木及襻间。脊槫及上平槫，均用蜀柱直接立于四椽栿上。檐椽只一层，不施飞椽。

如山门这样外表，尚为我们初见；四椽栿上三蜀柱并立，可以省却一道平梁，也是少见的。

◇山门

前殿

前殿五间，殿顶悬山造，殿之东西为钟鼓楼。阶基高出前院约3米，前有月台；月台左右为礓磜甬道，通钟鼓楼之下。

前殿除当心间南面外，只有柱头铺作，而没有补间铺作。斗栱正心用泥道重栱，单昂出一跳，四铺作，跳头施令栱替木，以承橑檐槫，甚古简。令栱与梁头相交，昂嘴颇势甚弯。后面不用补间铺作，更为简洁。

在平面上，南面左右第二缝金柱地位上不用柱，却用极大的内额，由内平柱直跨至山柱上，而将左右第二缝前后檐柱上的"乳栿"（？）尾特别伸长，斜向上挑起，中段放在上述内额之上，上端在平梁之下相接，承托着平梁之中部，这与斗栱的用昂在原则上是相同的，可以说是一根极大的昂。广胜寺上下两院都用与此相类的结构法。这种构架在我们历年国内各地所见许多的遗物中，还是第一个例。尤其重要的是因日本的古建筑尤其是飞鸟灵乐等初期的遗构都是用极大的昂，结构与此相类，这个实例乃大可佐证建筑家早就怀疑的问题。这问题便是日本这种结构法是直接承受中国宋以前建筑规制，并非自创，而此种规制在中国后代反倒失传或罕见。同时使我们相信广胜寺各构在建筑遗物实例中的重要，远超过于我们起初所想象的。

两山梁架用材极为轻秀，为普通大建筑物中所少见。前后出檐飞子极短，博风板狭而长。正脊、垂脊及吻兽均雕饰繁富。

殿北面门内供僧像一躯，显然埃及风味，煞是可怪。

两山墙外为钟鼓楼，下有砖砌阶基，下为发券门道，可以通行。阶基立小小方亭，斗栱单昂，十字脊歇山顶。就钟鼓楼的位置论，这也不是一个常见的布置法。

殿内佛像颇笨拙，没有特别精彩处。

◇ 前殿

正殿

正殿七间居最后。正中三间辟门，门左右有很高的直棂槛窗。殿顶也是悬山造。

斗栱五铺作，重栱，出两跳，单抄单下昂，昂是明清所常见的假昂，乃将平置的华栱而加以昂嘴的。斗栱只施于柱头不用补间铺作。令栱上施替木，以承橑檐槫。泥道重栱之上只施柱头枋一层，其上相隔颇远，方置压槽枋。论到斗栱之简洁，我们所见到的古建筑以这两处为最。虽然就斗栱与建筑物本身的权衡比起来，并不算特别大，而且在昂嘴及普拍枋出头处等详部，似乎倾向较后的年代，但是就大体看，这寺的建筑其古洁的确是超过现存所有中国古建筑的。这个到底是后代承袭较早的遗制，还是原来古构已含了后代的几个特征，却甚难说。

正殿的梁架结构与前殿大致相同。在平面上左右缝内柱与檐柱不对中，所以左右第一、二缝檐柱上的乳栿皆将后尾翘起，搭在大内额上，但栿（或昂）尾只压在四椽栿下，不似前殿之在平梁下正中相交。四椽栿以上侏儒柱及平梁均轻秀如前殿，这两殿用材之经济虽尚未细测，只就肉眼观察，较以前我们所看过的辽代建筑尚过之。若与官式清代梁架比，真可算中国建筑中梁架轻重之两极端，就比例上计算，这寺梁的横断面的面积也许不到清式梁的横断面的三分之一。

正殿佛像五尊，塑工精极，虽然经过多次的重妆，还与大同华岩寺薄伽教藏殿塑像多少相似。侍立诸菩萨尤为俏丽有神，饶有唐风，佛容衣带，庄者庄，逸者逸，塑造技艺，实臻绝顶。东西山墙下十八罗汉并无特长，当非原物。

东山墙尖象眼壁上尚有壁画一小块，图像色泽皆美。据说民（国）

十六（年）寺僧将两山壁画卖与古玩商，以价款修葺殿宇，唯恐此种计划仍然是盗卖古物谋利的动机。现在美国彭省大学[1]博物院所陈列的一幅精美的称为"唐"的壁画，与此甚似。近又闻美国堪萨斯省立博物院[2]新近得壁画，售者告以出处，即云此寺。

朵殿

正殿之东西各有朵殿三间。朵殿亦悬山造，柱瘦高，额细，普拍枋甚宽。斗栱四铺作单下昂。当心间用补间铺作两朵，梢间一朵。全部与正殿前殿大致相似，当是同年代物。

---

1 即美国宾夕法尼亚大学。——出版者注
2 密苏里州堪萨斯城纳尔逊－阿特金斯（Nelson‐Atkins）艺术博物馆。——出版者注

赵城县广胜寺上寺

上寺在霍山最南的低峦上。寺前的"琉璃宝塔"，兀立山头由四五十里外望之，已极清晰。

由下寺到上寺的路颇兜峻，盘石奇大，但石皮极平润，坡上点缀着山松，风景如中国画里山水近景常见的布局，峦顶却是一个小小的高原，由此望下，可看下寺，鸟瞰全景；高原的南头就是上寺山门所在。山门之内是空院，空院之北，与山门相对者为垂花门。垂花门内在正中线上立着"琉璃宝塔"。塔后为前殿，著名的宋版藏经就藏在这殿里。前殿之后是个空敞的前院，左右为厢房，北面为正殿。正殿之后为后殿，左右亦有两厢。此外在山坡上尚有两三处附属的小屋子。

琉璃宝塔

琉璃宝塔亦称为飞虹塔。就平面的位置上说，塔立在垂花门之内前殿之前的正中线上，本是唐制。塔平面作八角形，高十三级，塔身砖砌，饰以琉璃瓦的角柱、斗栱檐瓦佛像，等等。最下层有木围廊。这种做法与热河永麻寺舍利塔及北平香山静宜园琉璃塔是一样的。但这塔围廊之上，南面尚出小抱厦一间，上交十字脊。

全部的权衡上看，这塔的收分特别得急速，最上层檐与最下层砖檐相较，其大小只及下者三分之一强。而且上下各层的塔檐轮廓成一直线，没有卷杀圜和之味。各层檐角也不翘起，全部为呆板的直线，绝无寻常中国建筑柔和的线路。

塔之最下层供极大的释迦坐像一尊，如应县佛宫寺木塔之制。下层顶棚作穹隆式，饰以极繁细的琉璃斗栱。塔内有级可登，其结构法之奇特，在我们尚属初见。普通的砖塔内部大半不可入，尤少可以攀登的。这塔却是个较罕的例外。塔内阶级每步高六七十厘米，宽十余厘米，成一个约合60度的兜峻的坡度。这极高极狭的踏步每段到了终点，平常用休息板的地方却不用了，竟忽然停止，由这一段的最上一级，反身却可迈过空的休息板，攀住背面墙上又一段踏步的最下一级；在梯的两旁墙上留下小砖孔，可以容两手攀扶及放烛火的地方。走上这没有半丝光线的峻梯的人，在战栗之余不由得不赞叹设计者心思之巧妙。

关于这塔的年代，相传建于北周，我们除在形制上可以断定其为明清规模外，在许多的琉璃上我们得见正德十年的年号，所以现存塔身之形成年代很少可疑之点。底层木廊正檩下又有"天启二年创建"字样，就是廊子过大而不相称的权衡看来，我们差不多可以断定正德的原塔是没有这廊子的。

虽然在建筑的全部上看来，各种琉璃瓦饰用得繁缛不得当，如各朵斗栱的耍头均塑作狰狞的鬼脸，尤为滑稽；但就琉璃自身的质地及塑工说，可算无上精品。

◇飞虹塔

前殿

前殿在塔之北：殿的前面及殿前不甚大的院子，整个被高大的塔挡住。殿面阔五间，进深四间，屋顶单檐歇山造。斗栱重栱造，双下昂；正面当心间用补间铺作两朵，次间一朵，梢间不用；这种的布置实在是疏朗的，但因开间狭而柱高，故颇呈密挤之状，骤看似晚代布置法。但在山面却不用补间铺作，这种正侧两面完全不同的布置，又是他处所未见。柱头与柱头间之联络，阑额较小而普拍枋宽大，角柱上出头处，阑额斫作楂头，普拍枋头斜抹角。我们以往所见两普拍枋在柱头相接处（即《营造法式》所谓"普拍枋间缝"），都顶头放置，但此殿所见，则如《营造法式》卷三十所见"勾头搭掌"的做法，也许以前我们疏忽了，所以迟迟至今才初次开眼。

前殿的梁架与下寺诸殿梁架亦有一个相同之点，就是大昂之应用。除去前后檐间的大昂外，两山下的大昂尤为巧妙。可惜摄影失败，只留得这帧

◇ 前殿两山纵断面忆写略图

不甚准确的速写断面图。这大昂的下端承托在斗栱耍头之上，中部放在"采步金"梁之上，后尾高高翘起，挑着平梁的中段，这种做法与下寺所见者同一原则，而用得尤为得当。

前殿塑像颇佳，虽已经过多次的重塑，但尚保存原来清秀之气。佛像两旁侍立像，宋风十足，背面像则略次。

正殿

正殿面阔五间，悬山造，殿前开敞的庭院与前殿隔院相望。骤见殿前廊檐，极易误认为近世的构造，但廊檐之内、抱头梁上，赫然犹见单昂斗栱的原状。如同下寺正殿一样，这殿并不用补间铺作，结构异常简洁。内部梁架因有顶棚，故未得见，但一定也有伟大奇特的做法。

正殿供像三尊——释迦及文殊、普贤，塑工极精，富有宋风，其中尤以菩萨为美。佛帐上剔空浮雕花草、龙兽、几何纹，精美绝伦，乃木雕中之无上好品。两山墙下列坐十八罗汉铁像，大概是明代所铸。

后殿

后殿居寺之最后。面阔五间，进深四间，四阿顶。因面阔进深为五与四之比，所以正脊长只及当心间之广，异常短促，为别处所未见。内柱相距甚远，与檐柱不并列。斗栱为五铺作双下昂。当心间用补间铺作两朵，次间、梢间及两山各用一朵。柱头铺作两下昂平置，托在梁下，补间铺作则将第二层昂尾挑起。柱瘦高，额细长，普拍枋较阑额略宽。角柱上出头处，阑额斫作楂头，普拍枋抹角，做法与前殿完全相同。殿内梁架用材轻巧，可与前殿相埒[1]。山面中线上有大昂尾挑上平榑下。内柱上无内额，四阿并不推山。梁架一部分的彩画，如几道榑下红地白绿色的宝相华（？），及斗栱上的细边古织锦文，想都是原来色泽。

殿除南面当心间辟门外，四周全有厚壁。壁上画像不见得十分古，

---

1 读音liè，意为相等。——出版者注

也不见得十分好。当心间槅扇花心用雕镂拼镶极精细的圆形相交花纹，略如《营造法式》卷三十二所见"挑白球文格眼"，而精细过之。这槅扇的格眼乃由许多各个的梭形或箭形雕片镶成，在做工上是极高的成就。在横披上，槅扇纹样与下面略异，而较近乎清式"菱花槅扇"的图案。

后殿佛像五尊，塑工甚劣，面貌肥俗，手臂无骨，衣褶圆而不垂，背光繁缛不堪，佛冕及发全是密宗的做法。侍立菩萨较清秀，但都不如正殿塑像远甚。

广胜寺上下两院的主要殿宇，除琉璃宝塔而外，大概都属于同一时期，它们的结构法及作风都是一致的。

上下两寺壁间嵌石颇多，碑碣也不少，其中叙述寺之起源者，有治平元年重刻的郭子仪奏碣。碣字体及花边均甚古雅。文如下：

晋州赵城县城东南三十里，霍山南脚上，古育王塔院一所。右河东□观察使司徒□兼中书令，汾阳郡王郭子仪奏；臣据□朔方左厢兵马使，开府仪同三司，试太常卿，五原郡王李光瓒状称前塔接山带水，古迹见存，堪置伽蓝，自愿成立。伏乞奏置一寺，为国崇益福□，仍请以阿育王为额者。巨准状牒州勘责，得耆寿百姓陈仙童等状，与光瓒所请，置寺为广胜。因伏乞天恩，遂其诚愿，如蒙特命，赐以为额，仍请于当州诸寺选僧住持洒扫。中书门下牒河东观察使牒奉敕故牒。大历四年五月二十七日牒。住寺阇梨僧□切见当寺石碣岁久，隳坏年深，今欲整新，重标斯记。治平元年，十一月二十九日。

由右碣文看来，寺之创立甚古，而在唐代宗朝就原有塔院建立伽蓝，敕名广胜。至宋英宗时，伽蓝想仍是唐代原建。但不知何时伽蓝颓毁，以致需要将下寺：

计九殿自（金）皇统元年辛酉（1141年）至贞元元年癸酉（1153年），历二十三年，无年不兴工。……

却是这样大的工程，据元延祐六年（1319年）石，则：

大德七年（1303年），地震，古刹毁，大德九年修渠（按即下寺前水渠），木装。延祐六年始修殿。

大德七年的地震一定很剧烈，以致"古刹毁"。现存的殿宇，用大昂的梁架虽属初次拜见，无由与其他梁架遗例比较。但就斗栱枋额看，如下昂嘴纤弱的卷杀、普拍枋出头处之抹去方角，都与他处所见相似。至于瘦高的檐柱和细长的额枋，又与霍县文庙如出一手。其为元代遗物，殆少可疑。不过梁架的做法极为奇特，在近数年寻求所得，这还是唯一的一个孤例，极值得我们研究的。

赵城县广胜寺明应王殿

广胜寺在赵城一带，以其泉水出名。在山麓下下寺之前有无数的甘泉，由石缝及地下涌出，供给赵城、洪洞两县饮料及灌溉之用。凡是有水的地方都得有一位龙王，所以就有龙王庙。

这一处龙王庙规模之大，远在普通龙王庙之上，其正殿——明应王殿——竟是个五间正方重檐的大建筑物。若是论到殿的年代，也是龙王庙中之极古者。

明应王殿平面五间，正方形，其中三间正方为殿身，周以回廊。上檐显山顶，檐下施重栱双下昂斗栱。当心间施补间铺作两朵，次间施一朵。斗栱权衡颇为雄大，但两下昂都是平置的华栱，而加以昂嘴的。下檐只用单下昂，次间、梢间不施补间铺作，当心间只施一朵，而这一朵却有45度角的斜昂。阑额的权衡上下两檐有显著之异点，上檐阑额较高较薄，下檐则极小；而普拍枋则上檐宽薄，而下檐高厚。上檐以阑额为主而辅以普拍枋，下檐与之正相反，且在额下施繁缛的雕花罩子。殿身内前面两金柱省去，而用大梁由前面重檐柱直达后金柱，而在前金柱分位上施扒梁。并无特殊之点。

明应王殿四壁皆有壁画，为元代匠师笔迹。据说正门之上有画师的姓名及年月，须登梯拂尘燃灯始得读，惜匆匆未能如愿。至于壁画，其题材纯为非宗教的，现有古代壁画大多为佛像，这种题材至为罕贵。

至于殿的年代，大概是元大德地震以后所建，与嵩山少林寺大德年间所建鼓楼有许多相似之点。

明应王殿的壁画和上下寺的梁架，都是极罕贵的遗物，都是我们所未见过的独例。由美术史上看来，都是绝端重要的史料。我们预备再到赵城做较长时间的逗留，俾得对此数物，做一个较精密的研究。目前只能做此简略的记述而已。

◇ 明应王殿

赵城县霍山中镇庙

照《县志》的说法，广胜寺在县城东南四十里霍山顶，兴唐寺唐建，在城东三十里霍山中，所以我们认为它们在同一相近的去处，同在霍山上，相去不过二十余里，因而预定先到广胜寺，再由山上绕至兴唐寺去。却是事实乃有大谬不然者。到了广胜寺始知到兴唐寺还须下山绕到去城八里的侯村，再折回向东行再行入山，始能到达。我心想既称唐建，又在山中，如果原构仍然完好，我们岂可惮烦，轻轻放过。

我们晨九时离开广胜寺下山，等到折回又到了霍山时已走了12小时！沿途风景较广胜寺更佳，但近山时实已入夜，山路崎岖，峰峦迫近如巨屏，谷中渐黑，凉风四起，只听脚下泉声奔湍，看山后一两颗星点透出夜色，骡役俱疲，摸索难进，竟落后里许。我们本是一直徒步先行的，至此更得奋勇前进，不敢稍怠（怕夫役强主回头，在小村落里住下），入山深处，出手已不见掌，加以脚下危石错落、松柏横斜，行颇不易。喘息攀登，约1小时，始见远处一灯高悬，掩映松间，知已近庙，更急进敲门。

等到老道出来应对，始知原来我们仍远离着兴唐寺三里多，这处为霍岳山神之庙，亦称中镇庙。乃将错就错，在此住下。

我们到时已数小时未食，故第一事便到"香厨"里去烹煮。厨在山坡上窑穴中，高踞庙后左角，庙址既大，高下不齐，废园荒圃，在黑夜中更是神秘。当夜我们就在正殿塑像下秉烛洗脸铺床，同时细察梁架，知其非近代物。这殿奇高，烛影之中，印象森然。

第二天起来忙到兴唐寺去，一夜的希望顿成泡影。兴唐寺虽在山中，却不知如何竟已全部拆建，除却几座清式的小殿外，还加洋式门面，等等；新塑像极小，或罩以玻璃框，鄙俗无比，全庙无一样值得记录的。

中镇庙虽非我们初时所属意，来后倒觉得可以略略研究一下。据《山西古物古迹调查表》，谓庙之创建在隋开皇十四年，其实就形制上看来，恐最早不过元代。

殿身五间，周围廊，重檐歇山顶。上檐施单抄单下昂五铺作斗栱，下檐则仅单下昂。斗栱颇大，上下檐俱用补间铺作一朵。昂嘴细长而直；耍头前面微龥，而上部圆头突起，至为奇特。

太原县晋祠

晋祠离太原仅五十里，汽车一点多钟可达，历来为出名的"名胜"，闻人名士由太原去游览的风气自古盛行。我们在探访古建的习惯中，多对"名胜"怀疑：因为最是"名胜"容易遭"重修"乃至于"重建"的大毁坏，原有建筑故最难得保存！所以我们虽然知道晋祠离太原近在咫尺，且在太原至汾阳的公路上，我们亦未尝预备去访"胜"的。

直至赴汾的公共汽车上了一个小小山坡，绕着晋祠的背后过去时，忽然间我们才惊异地抓住车窗，望着那一角正殿的侧影，爱不忍释。相信晋祠虽成"名胜"，却仍为"古迹"无疑。那样魁伟的殿顶、雄大的斗栱、深远的出檐，到汽车过了对面山坡时，尚巍巍在望，非常醒目。晋祠全部的布置，则因有树木看不清楚，但范围不小，却也是一望可知。

我们惭愧不应因其列为名胜而即定其不古，故相约一个月后归途至此下车，虽不能详察或测量，至少亦得浏览摄影，略考其年代、结构。

由汾回太原时我们在山西已过了月余的旅行生活，心力俱疲，还带着种种行李什物，诸多不便，但因那一角殿宇常在心目中，无论如何不肯失之交臂，所以到底停下来预备做半日的勾留，如果错过那末后一趟公共汽车回太原的话，也只好听天由命，晚上再设法露宿或住店！

在那种不便的情形下，带着"一不做，二不休"的拼命心理，我们下了那挤到水泄不通的公共汽车，在大堆行李中捡出我们的"粗重细软"——由杏花村的酒坛子到峪道河边的兰芝种子——累累赘赘的，背着掮着，到车站里安顿时，我们几乎埋怨到晋祠的建筑太像样——如果花花簇簇地来个乾隆重建，我们这些麻烦不全省了吗？

但是一进了晋祠大门，那一种说不出的美丽辉映的大花园，使我们惊喜愉悦，过于初时的期望。无以名之，只得叫它作花园。**其实晋祠布置又像庙观的院落，又像华丽的宫苑，全部兼有开敞堂皇的局面和曲折深邃的雅趣，大殿楼阁在古树婆娑池流映带之间，实像个放大的私家园亭。**

所谓唐槐周柏，虽不能断其为原物，但枝干奇伟、虬曲横卧，煞是可观。池水清碧，游鱼闲逸，还有后山石级小径、楼观石亭各种衬托。各殿雄壮，巍然其间，使初进园时的印象，感到俯仰堂皇，左右秀媚，无所不适。虽然再进去即发现近代名流所增建的中西合璧的丑怪小亭子，等等，夹杂其间。

圣母庙为晋祠中间最大的一组建筑；除正殿外，尚有前面"飞梁"（即十字木桥）、献殿及金人台、牌楼，等等，今分述如下。

正殿

飞梁

献殿

鼓楼　　对越坊　　钟楼

金人台

铁汉桥

◇ 圣母殿平面速写略图

正殿

晋祠圣母庙大殿，重檐歇山顶，面阔七间，进深六间，平面几成方形，在布置上至为奇特。殿身五间，副阶周匝。但是前廊之深为两间，内槽深三间，故前廊异常空敞，在我们尚属初见。

斗栱的分配，至为疏朗。在殿之正面，每间用补间铺作一朵，侧面则仅梢间用补间铺作。下檐斗栱五铺作，单栱出两跳；柱头出双下昂，补间出单抄单下昂。上檐斗栱六铺作，单栱出三跳，柱头出双抄单下昂，补间出单抄双下昂，第一跳偷心，但饰以翼形栱。但是在下昂的形式及用法上，这里又是一种未曾得见的奇例。柱头铺作上极长大的昂嘴两层，与地面完全平行，与柱成正角，下面平，上面�颤，并未将昂嘴向下斜�或斜插，亦不求其与补间铺作的真下昂平行，完全真率地坦然放在那里，诚然是大胆诚实的做法。在补间铺作上，第一层昂昂尾向上挑起，第二层则将与令栱相交的耍头加长�成昂嘴形，并不与真昂平行地向外伸出。这种做法与正定隆兴寺摩尼殿斗栱极相似，至于其豪放生动，似较之尤胜。在转角铺作上，各层昂及由昂均水平地伸出，由下面望去，颇呈高爽之象。山面除梢间外，均不用补间铺作。斗栱彩画与《营造法式》卷三十四"五彩遍装"者极相似。虽属后世重装，当是古法。

这殿斗栱俱用单栱，泥道单栱上用柱头枋四层，各层枋间用斗垫托。阑额狭而高，上施薄而宽的普拍枋。角柱上只普拍枋出头，阑额不出。平柱至角柱间有显著的生起。梁架为普通平置的梁，殿内因黑暗，时间匆促，未得细查。前殿因深两间，故在四椽栿上立童柱，以承上檐，童柱与相对之内柱间，除斗栱上之乳栿及札牵外，柱头上更用普拍枋一道以相固济。

　　按卫聚贤《晋祠指南》，称圣母庙为宋天圣年间建。由结构法及外形姿势看来，较《营造法式》所定的做法的确更古拙豪放，天圣之说当属可靠。

◇圣母庙正殿

献殿

献殿在正殿之前，中隔放生池。殿三间，歇山顶。与正殿结构法手法完全是同一时代、同一规制之下的。斗栱单栱五铺作；柱头铺作双下昂，补间铺作单抄单下昂，第一跳偷心，但饰以小小翼形栱。正面每间用补间铺作一朵，山面唯正中间用补间铺作。柱头铺作的双下昂完全平置，后尾承托梁下，昂嘴与地面平行，如正殿的昂。补间则下昂后尾挑起，要头与令栱相交，长长伸出，斫作昂嘴形。两殿斗栱外面不同之点，唯在令栱之上，正殿用通长的挑檐枋，而献殿则用替木。斗栱后尾唯下昂挑起，全部偷心，第二跳跳头安梭形栱，单独的昂尾挑在平槫之下。至于柱头普拍枋，与正殿完全相同。

献殿的梁架只是简单的四椽栿上放一层平梁，梁身简单轻巧，不弱不费，故能经久不坏。

殿之四周均无墙壁，当心间前后辟门，其余各间在坚厚的槛墙之上安直棂栅栏，如《营造法式》小木作中之叉子，当心间门扇亦为直棂栅栏门。

殿前阶基上铁狮子一对，极精美，筋肉真实，灵动如生。左狮胸前文曰"太原文水弟子郭丑牛兄……政和八年四月二十六日"，座后文为"灵石县任章常柱任用段和定……"，右狮字不全，只余"乐善"二字。

飞梁

正殿与献殿之间，有所谓"飞梁"者，横跨鱼沼之上。在建筑史上，这"飞梁"是我们现在所知的唯一的孤例。本刊（《中国营造学会

◇ 飞梁

汇刊》）五卷一期中，刘敦桢先生在《石轴柱桥述要》一文中，对于石柱桥有详细的伸述，并引《关中记》及《唐六典》中所记录的石柱桥。就晋祠所见，则在池中立方约30厘米的石柱若干，柱上端微卷杀如殿宇之柱；柱上有普拍枋相交，其上置斗，斗上施十字栱相交，以承梁或额。在形制上这桥诚然极古，当与正殿、献殿属于同一时期。而在名称上尚保存着古名，谓之飞梁，这也是极罕贵值得注意的。

金人

献殿前牌楼之前，有方形的台基，上面四角上各立铁人一，谓之金人台。四金人之中有两个是宋代所铸，其西南角金人胸前铸字，为宋故绵州魏城令刘植……等于绍圣四年立。像塑法平庸，字体尚佳。其中两个近代补铸，一清朝、一民国，塑铸都同等恶劣。

晋祠范围以内，尚有唐叔虞祠、关帝庙等处，匆促未得入览，只好俟诸异日。唐贞观碑原石及后代另摹刻的一碑均存，且有碑亭妥为保护。

山西民居

门楼

山西的村落无论大小，很少没有一个门楼的。村落的四周并不一定都有围墙，但是在大道入村处，必须建一座这种纪念性建筑物，提醒旅客，告诉他又到一处村镇了。河北境内虽也有这种布局，但究竟不如山西普遍。

山西民居的建筑也非常复杂，由最简单的穴居到村庄里深邃富丽的财主住宅院落，到城市中紧凑细致的讲究房子，颇有许多特殊之点值得注意的。但限于篇幅及不多的照片，只能略举一二，详细分类研究只能等待以后的机会了。

穴居

穴居之风，盛行于黄河流域，散见于河南、山西、陕西、甘肃诸省，龙非了先生在本刊（《中国营造学社汇刊》）五卷一期《穴居杂考》一文中，已讨论得极为详尽。这次在山西随处得见；穴内冬暖夏凉，住居颇为舒适，但空气不流通是一个极大的缺憾。穴窑均作抛物线形，内部有装饰极精者，窑壁抹灰，乃至用油漆护墙。窑内除火炕外，更有衣橱、桌椅等家具。窑穴时常据在削壁之旁，成一幅雄壮的风景画，或有穴门权衡优美纯净，可在建筑术中称上品的。

砖窑

这并非北平所谓烧砖的窑，乃是指用砖发券的房子而言。虽没有向深处研究，我们若说砖窑是用砖来模仿崖旁的土窑，当不至于大错。这是因住惯了穴居的人要脱去土窑的短处，如潮湿、土陷的危险，等等，而保存其长处，如高度的隔热力等，所以用砖砌成窑形，三眼或五眼，内部可以互通。为要压下券的推力，故在两旁须用极厚的墙墩；为要使券顶坚固，故须用土作撞券。这种极厚的墙壁自然有极高的隔热力的。

这种窑券顶上均用砖墁平，在秋收的时候，可以用作曝晒粮食的露台。或防匪时村中临时城楼，因各家窑顶多相连，为便于升上窑顶，所以窑旁均有阶级可登。山西的民居无论贫富，什九以上都有砖窑或土窑的，乃至在寺庙建筑中，往往也用这种做法。在赵城至霍山途中，适过一所建筑中的砖窑，颇饶趣味。

在这里我们要特别介绍在霍山某民居门上所见的木版印门神，那种简洁刚劲的笔法，是匠画中所绝无仅有的。

◇霍山某民居门神

◇ 山西窑洞

磨坊

磨坊虽不是一种普通的民居，但是住着却别有风味。磨坊利用急流的溪水做发动力，所以必须引水入室下，推动机轮，然后循着水道出去流入山溪。因磨粉机不息地震动，所以房子不能用发券，而用特别粗大的梁架。因求面粉洁净，坊内均铺光润的地板。凡此种种，都使得磨坊成为一种极舒适凉爽又富有雅趣的住处，尤其是峪道河深山深溪之间，世外桃源里，难怪被人看中做消夏最合宜的别墅。

由全部的布局上看来，山西村野的民居最善利用地势，就山崖的峻缓高下，层层叠叠，自然成画！使建筑在它所在的地上，如同自然由地里长出来，权衡适宜，不带丝毫勉强，无意中得到建筑术上极难得的优点。

农庄内民居

就是在很小的村庄之内，庄中富有的农人也常有极其讲究的房子，这种房子和北方城市中的"瓦房"同一模型，皆以"四合头"为基本，分配的形式，中加屏门、垂花门，等等。其与北平通常所见最不同处有四点：

一、在平面上，假设正房向南，东西厢房的位置全在北房"通面阔"的宽度以内，使正院成南北长东西窄、狭长的一条，失去四方的形式。这个布置在平面上当然是省了许多地盘，比将厢房移出正房通面阔以外经济，且因其如此，正房及厢房的屋顶（多半平顶）极容易联络，石梯的位置就可在厢房北头，夹在正房与厢房之间，上到某程便可分两面，一面旁转上到厢房顶，又一面再上几级可达正房顶。

二、虽说是瓦房，实仍为平顶砖窑，仅留前廊或前檐部分用斜坡青瓦。侧面看去实像砖墙前加用"雨搭"。

三、屋外观印象与所谓三开间同，但内部却仍为三窑眼，窑与窑间亦用发券门，印象完全不似寻常堂屋。

四、屋的后面女儿墙上做成城楼式的箭垛，所以整个房子后身由外面看去直成一座堡垒。

城市中民房

如介休、灵石城市中民房与村落中讲究的大同小异，但多有楼，如用窑造亦仅限于下层。城中房屋栉比，拥挤不堪，平面布置尤其经济，不多占地盘，正院比普通的更瘦窄。

一房与他房间多用夹道，大门多在曲折的夹道内，不像北平房子之庄重均衡，虽然内部则仍沿用一正两厢的规模。

这种房子最特异之点，在瓦坡前后两片不平均的分配。房脊靠后许多，约在全进深四分之三的地方，所以前坡斜长，后坡短促，前檐玲珑，后墙高垒，做内秀外雄的样子，倒极合理有趣。

赵城、霍州的民房所占地盘较介休一般从容得多。赵城房子的檐廊部分尤多繁富的木雕，院内真是画梁雕栋、琳琅满目，房子虽大，联络甚好，因厢房与正屋多相连属，可通行。

山庄财主的住房

这种房子在一个庄中可有两三家，遥遥相对，仍可以令人想象到当日的气焰。其所占地面之大、外墙之高、砖石木料上之工艺、楼阁别院之复杂，均出于我们意料之外甚多。灵石往南，在汾水东西有几个山庄，背山临水，不宜耕种，其中富户均经商别省，发财后回来筑舍显耀宗族的。

◇
王
家
大
院

　　房子造法形式与其他山西讲究房子相同，但较近于北平官式，做工极其完美。外墙石造雄厚惊人，有所谓"百尺楼"者，即此种房子的外墙，依着山崖筑造，楼居其上。由庄外遥望，十数里外犹可见，百尺矗立，崔嵬奇伟，足镇山河，为建筑上之荣耀！

结尾

这次晋汾一带暑假的旅行，正巧遇着同蒲铁路兴工期间，公路被毁，给我们机会将三百余里的路程慢慢地细看，假使坐汽车或火车，则有许多地方都没有停留的机会，我们所错过的古建，是如何可惜。

山西因历代争战较少，故古建筑保存得特多。我们以前在河北及晋北调查古建筑所得的若干见识，到太原以南的区域，若观察不慎，时常有以今乱古的危险。在山西中部以南，大个儿斗栱并不稀罕，古制犹存。但是明清期间山西的大斗栱，栱头昂嘴的卷杀极其弯矫，斜栱用得毫无节制，而斗栱上加入纤细的三福云一类的无谓雕饰，允其暴露后期的弱点，所以在时代的鉴别上，仔细观察，还不十分扰乱。

殿宇的制度，有许多极大的寺观，主要的殿宇都用悬山顶，如赵城广胜下寺的正殿前殿、上寺的正殿等，与清代对于殿顶的观念略有不同。同时又有多种复杂的屋顶结构，如霍县火星圣母庙、文水县开栅镇圣母庙，等等，为明清以后官式建筑中所少见。有许多重要的殿宇，檐椽之上不用飞椽，有时用而极短。明清以后的作品雕饰偏于繁缛，尤其屋顶上的琉璃瓦，制瓦者往往为对于一件一题雕塑的兴趣所驱，而忘却了全部的布局，甚悖建筑图案简洁的美德。

发券的建筑，为山西一个重要的特征，其来源大概是由于穴居而起，所以民居、庙宇莫不用之，而自成一种特征，如太原的永祚寺大雄宝殿，是中国发券建筑中的主要作品，我们虽然怀疑它是受了耶稣会士东来的影响，但若没有山西原有通用的方法，也不会形成那样一种特殊的建筑的。在券上筑楼也是山西的一种特征，所以在古剧里凡以山西为背景的，多有上楼下楼的情形，可见其为一种极普遍的建筑法。

赵城县广胜寺在结构上最特殊，寺旁明应王殿的壁画，为壁画不以佛道为题材的唯一孤例，所以我们在最近的将来，即将前往详究。晋祠圣母庙的正殿、飞梁、献殿，为宋天圣间重要的遗构，我们也必须去做进一步的研究的。

附录

《中国建筑彩画图案》序

　　在高大的建筑物上施以鲜明的色彩，取得豪华富丽的效果，是中国古代建筑的重要特征之一，也是建筑艺术加工方面特别卓越的成就之一。彩画图案在开始时是比较单纯的。最初是为了实用，为了适应木结构上防腐防蠹的实际需要，普遍地用矿物原料的丹或朱，以及黑漆、桐油等涂料敷饰在木结构上；后来逐渐和美术上的要求统一起来，变得复杂丰富，成为中国建筑装饰艺术中特有的一种方法。例如在建筑物外部涂饰了丹、朱、赭、黑等色的檐柱的上部，横的结构如阑额枋檩上，以及斗栱椽头等主要位置在瓦檐下的部分，画上彩色的装饰图案，巧妙地使建筑物增加了色彩丰富的感觉，和黄、丹或白垩刷粉的墙面，白色的石基、台阶以及栏楯等物起着互相衬托的作用；又如彩画多以靛青翠绿的图案为主，用贴金的线纹、彩色互间的花朵点缀其间，使建筑物受光面最大的豪华的丹朱或严肃的深赭等，得到掩映在不直接受光的檐下的青、绿、金的调节和装饰；再如在大建筑物的整体以内和它的附属建筑物之间，也利用色彩构成红绿相间或是金朱交错的效果（如朱栏碧柱、碧瓦丹楹或朱门金钉之类），使整个建筑组群看来辉煌闪烁，借此形成更优美的风格，唤起活泼明朗的韵律感。特别是这种多色的建筑体形和优美的自然景物相结合的时候，就更加显示了建筑物美丽如画的优点，而这种优点是和彩画装饰的作用分不开的。

在中国体系的建筑艺术中，对于建筑物细致地使用多样彩色加工的装饰技术主要有两种：**一种是"琉璃瓦作"发明之后，应用各种琉璃构件和花饰的形制；另一种就是有更悠久历史的彩画制度。**

中国建筑上应用彩画开始于什么年代呢？

在木结构外部刷上丹红的颜色，早在春秋期代就开始了，鲁庄公"丹桓宫之楹，而刻其桷"，是见于古书上关于鲁国的记载的。还有臧文仲"山节藻棁"之说，素来解释为讲究华美建筑在房屋构件上加上装饰彩画的意思。从楚墓出土文物上的精致纹饰看来，春秋时期建筑木构上已经有一些装饰图案，这是很可能的。至于秦汉在建筑内外都应用华丽的装饰点缀，在文献中就有很多的记述了。《西京杂记》中提到"华榱壁珰"之类，还说"椽榱皆绘龙蛇萦绕其间"和"柱壁皆画云气花卉，山灵鬼怪"。从汉墓汉砖上所见到的一些纹饰来推测，上述的龙纹和云纹都是可以得到证实的。此外记载上所提到的另一个方面应该特别注意的，就是绫锦织纹图案应用到建筑装饰上的历史。例如秦始皇咸阳宫"木衣绨绣，土被朱紫"之说，又如汉代宫殿中有"以椒涂壁，被以文绣"的例子。《汉书·贾谊传》里又说："美者黼绣是古天子之服，今富人大贾嘉会召客者以被墙。"在柱上、壁上悬挂丝织品和在墙壁、梁柱上涂饰彩色图画，以满足建筑内部华美的要求，本来是很自然的。这两种方法在发展中合而为一时，彩画自然就会采用绫锦的花纹作为图案的一部分。在汉砖上、敦煌石窟中唐代边饰上和宋《营造法式》中，菱形锦纹图案都极常见，到了明清的梁枋彩画上，绫锦织纹更成为极重要的题材了。

南北朝佛教流行中国之时，各处开凿石窟寺，普遍受到西域佛教艺术的影响，当时的艺人匠师不但大量地吸收外来艺术为宗教内容服务，同时还大胆地将中国原有艺术和外来的艺术相融合，加以应用。在雕刻绘塑的纹饰方面，这时产生了许多新的图案，如卷草花纹、莲瓣、宝珠和曲水万字等，就都是其中最重要的。

综合秦、汉、南北朝、隋、唐的传统，直到后代，在彩画制度方面，云气、龙凤、绫锦织纹、卷草花卉和万字、宝珠等，就始终都是"彩画作"中最主要和最典型的图案。至于设色方法，南北朝以后也结合了外来艺术的优点。《建康实录》中曾说，南朝梁时一乘寺的门上有据说是名画家张僧繇手笔的"凹凸花"，并说："其花乃天竺遗法，朱及青绿所成，远望眼晕如凹凸，近视即平，世咸异之。"宋代所规定的彩画方法，每色分深浅，并且浅的一面加白粉，深的再压墨，所谓"退晕"的处理可能就是这种画法的发展。

我们今天所能见到的实物，最早的有乐浪郡墓中彩饰；其次就是甘肃敦煌莫高窟和甘肃天水麦积山石窟中北魏、隋、唐的洞顶、洞壁上的花纹边饰；再次就是四川成都两座五代陵墓中的建筑彩画。现存完整的建筑正面全部和内部梁枋的彩画实例，有敦煌莫高窟宋太平兴国五年（公元980年）的窟廊。辽、金、元彩画见于辽宁义县奉国寺、山西应县佛宫寺木塔、河北安平圣姑庙等处。

宋代《营造法式》中所总结的彩画方法，主要有六种：（一）五彩遍装；（二）碾玉装；（三）青绿叠晕棱间装；（四）解绿装；（五）丹粉刷饰；（六）杂间装。工作过程又分为四个程序：（一）衬地；（二）衬色；（三）细色；（四）贴金。此外还有"叠晕"和"剔填"的着色方法。应用于彩画中的纹饰有"华纹""琐纹""云纹""飞仙""飞禽"及"走兽"等几种。"华纹"又分为"九品"，包括"卷草"花纹在内。"琐纹"即"锦纹"，分有六品。

明代的彩画实物，有北京东城智化寺如来殿的彩画，据建筑家过去的调查报告，说是："彩画之底甚薄，各材刨削平整，故无披麻捉灰的必要，梁枋以青绿为地，颇雅素，青色之次为绿色，两色反复间杂，一如宋、清常则；其间点缀朱金，鲜艳醒目，集中在一二处，占面积极小，不以金色作机械普遍之描画，且无一处利用白色为界线，乃其优美之主因。"调查中又谈到智化寺梁枋彩画的特点，如枋心长为梁枋全长的四分之一，而不是清代的三分之一；旋花作狭长形而非整圆，虽然也是用一整二破的格式。又说枋心的两端尖头不用直线，"尚存古代萍藻波纹之习"。

明代彩画，其他如北京安定门内文丞相祠檐枋、故宫迎瑞门及永康左门琉璃门上的额枋等，都有专家测绘过。虽然这些彩画构图规律和智化寺同属一类，但各梁上旋花本身和花心、花瓣的处理都不相同，且旋花大小和线纹布局的疏密每处也各不相同。花纹区划有细而紧的和叶瓣大而爽朗的两种，产生极不同的效果。全部构图创造性很强，极尽自由变化之能事。

清代的彩画继承了过去的传统，在取材上和制作方法上有了新的变化，使传统的建筑彩画得到一定的提高和发展。从北京各处宫殿、庙宇、庭园遗留下来制作严谨的许多材料来看，**它的特点是复杂绚烂、金碧辉煌，形成一种炫目的光彩，使建筑装饰艺术达到一个新的高峰**。某些主要类型的彩画，如"和玺彩画"和"旋子彩画"等，都是规格化的彩画装饰构图，这样在装饰任何梁枋时就便于保持一定的技术水平，也便于施工，并使徒工易于掌握技术。但是，由于这种规格化十分严格地制定了构图上的分划和组合，便不免限制了彩画艺人的创造能力。虽然细节花纹可以做若干变化，但这种过分标准化的构图规定是有它的缺点的。在研究清式的建筑彩画方面，对于"和玺彩画""旋子彩画"以及庭园建筑上的"苏式彩画"，过去已经做了不少努力，进行过整理和研究，本书的材料便是继续这种研究工作所做的较为系统的整理。但是，应该提出的是：清代的彩画图案是建筑装饰中很丰富的一项遗产，并不限于上面三类彩画的规制。现存清初实物中，还有不少材料有待于今后进一步的发掘和整理，特别是北京故宫保和殿的大梁、乾隆花园佛日楼的外檐、午门楼上的梁架等清代早期的彩画，都不属于上述的三大类，便值得注意。因此，这种整理工作仅是一个开始，一方面，为今后的整理工作提供了材料；另一方面，许多工作还等待继续进行。

　　本书是由北京文物整理委员会聘请北京彩画界老艺人刘醒民同志等负责绘制的，他们以长期的实践经验，按照清代乾隆时期以后流行的三大类彩画规制所允许的自由变化，把熟练的花纹做不同的错综，组合成许多种的新样式。细部花纹包括了清代建筑彩画图案的各种典型主题，如夔[1]龙、夔凤、卷草、西番莲、升龙、坐龙，及各种云纹、草纹，保存了丰富的清代彩画图案中可宝贵的材料。有些花纹组织得十分繁密匀称，尤其难得。但在色彩上，因为受到近代常用颜料的限制，色度强烈，有一些和所预期的效果不相符，如刺激性过大或白粉量太多之处。也有些在同一处额枋上纹饰过于繁复，在总体上表现一致性不强的缺点。

总之，这一部彩画图案给建筑界提供了学习资料，但在实际应用时，必须分析它的构图、布局、用色、设计和纹饰线路的特点，结合具体的用途变化应用；并且需要在原有的基础上，从现实生活的需要出发，逐渐创作出新的彩画图案。因此，务必避免抄袭或是把它生硬地搬用到新的建筑物上，不然便会局限了艺术的思想性和创造性。

本集彩画中每种图案，可说都是来自历史上很早的时期，如云气、龙纹、卷草、西番莲等，在长久的创作实践中都曾经过不断的变化、不断的发展。美术界和建筑界应当深刻地体会彩画艺术的传统，根据这种优良的传统进一步地灵活应用、变化提高，这就是我们的创作任务。这本集子正是在这方面给我们提供了珍贵的与必要的参考。

---

1 读音kuí，意为古代传说中一种神奇的动物，形如龙，一足。夔龙、夔凤也叫"夔纹"，商周青铜器上的纹饰之一。——出版者注